图说

海洋生物

一帆 编绘

化学工业出版社

·北京·

图书在版编目(CIP)数据

图说海洋生物/一帆编绘. —北京：化学工业出
版社，2024.6
ISBN 978-7-122-45418-8

Ⅰ.①图… Ⅱ.①一… Ⅲ.①海洋生物—青少年
读物 Ⅳ.①Q178.53-49

中国国家版本馆CIP数据核字（2024）第072731号

图说海洋生物
TUSHUO HAIYANG SHENGWU

责任编辑：隋权玲　　　　　　　　　　　装帧设计：宁静静
责任校对：李　爽

出版发行：化学工业出版社（北京市东城区青年湖南街13号　邮政编码100011）
印　　装：北京宝隆世纪印刷有限公司
710mm×1000mm　1/16　印张11¼　字数146千字　2024年6月北京第1版第1次印刷

购书咨询：010-64518888　　　　　　　　售后服务：010-64518899
网　　址：http://www.cip.com.cn
凡购买本书，如有缺损质量问题，本社销售中心负责调换。

定　　价：58.00元

欢迎来到神奇而浩渺的海洋世界！海洋，那片覆盖了地球四分之三的蔚蓝领域，是生命的摇篮，也是无数奇迹的孕育地。在这片深邃而广阔的海域中，生物种类繁多，形态各异，它们以各自独特的方式，演绎着生命的精彩与奇妙。

《图说海洋生物》将引领读者开启一段探索绚丽多彩、生机盎然的海洋生态之旅，揭示那隐藏在波涛之下、覆盖地球大部分面积的生命乐章。

首先，我们将一同踏上三大生命带——海岸、浅海、深海的探索之路，感受那由无数奇特而美丽的海洋生物编织而成的生态画卷。从活泼可爱的海豚、憨态可掬的海豹，到威猛的鲨鱼、神秘的深海巨螯蟹，再到优雅灵动的海马和悠然自得的海龟，每一种生物都在以它们独特的生活习性、繁衍方式以及生存智慧，向我们展现着生命的多样性和适应力。在这里，你将了解到生物链的概念，迁徙的壮举，群居生活的智慧，以及伪装、捕食、防御等生存策略。

随后，我们将走进丰富的海洋植物世界，感受那些默默生长在海涂、海底的植物们的生命力。红树林的坚韧、海洋藻类的繁茂，都是海洋生态系统不可或缺的一部分。它们与海洋生物共同构成了这个复杂而和谐的生态系统。

当然，海洋不仅仅是生物的家园，它还蕴藏着丰富的资源，等待我们去发掘和利用。海洋食物资源、矿产资源、能源资源，以及海洋空间的利用，都是人类发展的重要支撑。但同时，我们也必须意识到，海洋资源的开发和利用必须建立在保护海洋生态的基础上，实现可持续发展。

最后，我们将展望未来的海洋城市。随着科技的进步，人类对于海洋的探索和利用将越来越深入。未来的海洋城市，或许将成为人类生活的新天地。但无论未来如何变化，我们都应始终铭记，海洋是生命的源泉，是我们共同的家园。

希望《图说海洋生物》一书能成为孩子们探索海洋世界的一把钥匙，引领他们走进这个充满奥秘与惊喜的领域，去感知海洋的韵律，去理解生命的奇妙，去珍惜我们的蓝色家园。

目录 CONTENTS

第一章

多彩的海洋动物世界

海洋生命栖息地 | 2

海岸生命带 | 4

浅海生命带 | 6

深海生命带 | 7

海洋生物链 | 8

迁徙 | 10

群居 | 12

捕食 | 14

防御 | 16

伪装 | 18

鲸 | 20

海豚 | 22

海牛 | 24

海象 | 26

海豹 | 28

海狮 | 30

海狗 | 32

海獭 | 34

鲨鱼 | 36

鳐鱼 | 38

蝠鲼 | 40

海马 | 42

飞鱼 | 44

金枪鱼 | 46

剑鱼 | 48

比目鱼 | 50

海蛇 | 52

海龟 | 54

海鬣蜥 | 56

龙虾 | 58

磷虾 | 60

清洁虾、机械虾、小丑虾 | 62

巨螯蟹 | 64

寄居蟹 | 66

招潮蟹 | 68

藤壶 | 70

章鱼 | 72

乌贼 | 74

海螺 | 76

砗磲 | 78

牡蛎 | 80

鹦鹉螺 | 82

海星 | 84

海胆 | 86

海参 | 88

梅花参 | 90

海百合 | 92

蛇尾 | 94

海鸥 | 96

信天翁 | 98

鹈鹕 | 100

鸬鹚 | 102

企鹅 | 104

贼鸥 | 106

军舰鸟 | 108

水母 | 110

珊瑚 | 112

海葵 | 114

海笔 | 116

海绵 | 118

海鞘 | 120

圣诞树蠕虫 | 122

第二章

丰富的海洋植物世界

红树林 | 126

海洋藻类 | 130

褐藻 | 132

红藻 | 136

绿藻 | 138

其他藻类 | 140

第三章

海洋资源与利用

海洋的馈赠 | 144

海洋食物资源 | 146

海洋矿产资源 | 150

海洋能 | 156

海洋空间的利用 | 158

海洋医药资源 | 162

海洋牧场 | 166

深远海养殖 | 167

海洋科考 | 168

潜水器 | 170

第一章
多彩的海洋
动物世界

海洋生命栖息地

作为万千生物的栖息地，海洋不同层面所接收到的光照程度也是不同的。不可否认的是，阳光对海洋生物的影响很大。要知道，大多数海洋物种都喜欢生活在较为温暖的阳光带中，只有少数物种能适应黑漆漆的深海环境并在那里生存下来。不过，值得称赞的是，无论身处哪种环境，海洋"精灵"们总能找到方法完成生活给予的各种挑战。

🐌 海洋的分层

　　因为阳光、温度以及压力会随着海水深度变化而改变，所以人们一般在垂直方向上将海洋分为阳光层、弱光层和无光层。不同光层的海洋"居民"也不同。

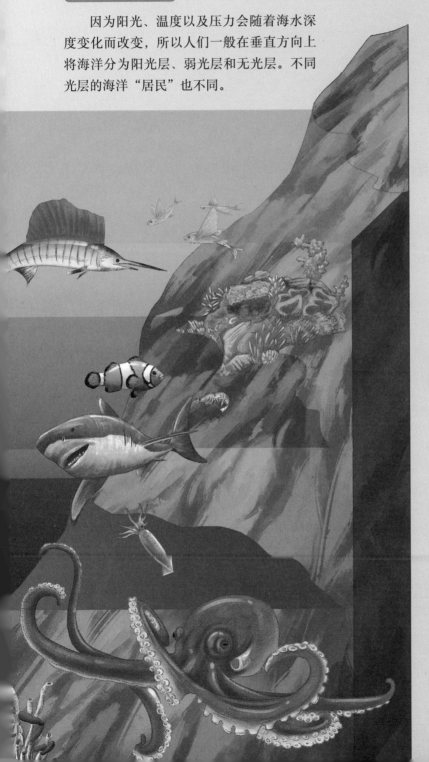

阳光层
（海面至海下200米）
　　本层光照条件好，植物大量繁殖，生活着非常多的海洋动物。

弱光层
（海下200～1000米）
　　本层光照较弱，植物不能进行有效的光合作用，无法生存，动物也相对少了许多。

无光层
（海下1000米至海底）
　　无光层几乎没有阳光，一片黑暗，且这里的海水压力极大，只有极少动物能够生存。

海岸生命带

海岸带是海岸线向陆海两侧扩展一定宽度的带状区域，它如同一条灵动的彩带连接着广阔的海洋和大陆。这里地质结构和气候都比较复杂，海洋生物们要具备非凡的生存能力才能适应各种环境变化。

🐌 岩石海岸

岩石海岸附近的水流速度很快，经常有威力十足的海浪光顾。为了保命，帽贝、藤壶、海星等小家伙不得不紧紧附着在海底礁石上。

藤壶

藤壶是一种有着石灰质外壳的节肢动物，因为常与其他贝类一同出现在近岸岩礁上，所以它们会被误认为是贝类的一员。然而，其实它们是甲壳纲的动物。

来自"地狱"的美食

外表"丑陋"的鹅颈藤壶是岩石海岸的常住"居民"，它们长得像贝类，也像是爬行动物的爪子，所以有人也把它们称为"鬼爪螺"。

白藤壶　　　　　　帽贝　　　　　　鹅颈藤壶

沙质海岸

河流或波浪带来的沉积物经过长时间的沉淀作用，会慢慢形成沙质海岸。虽然沙质海岸阳光充足，沙滩松软，但是海浪的侵袭对生活在海岸边的小动物们来说都是致命的。好在这些小家伙们十分聪明，它们总能想到合适的办法躲避危险，保护自己。

抢来的"家"

没有房子的寄居蟹身体十分柔软，特别容易成为捕食者的猎物。为了保护自己，它们长大一些的时候，必须找个房子住进去。这时，软体动物就变成了它们的猎物。它们会将软体动物撕碎吃掉，然后住进软体动物的壳子里。如果没有那么幸运，暂时找不到合适的"家"，它们甚至可以寄居在瓶盖里。

寄居蟹

泥质潮滩

泥质潮滩非常适合开辟盐场，因此生存环境并不比沙质海滩好。可是不管生存环境多么恶劣，我们都能发现一些顽强的小生命的身影。虽然海滩表面危险重重，但是海滩下却是它们的乐土。有意思的是，潮水不光能带来危险，还能为它们带来小鱼、小虾等美味的食物。

滩涂里的美味

这个小东西叫血蛤，当它张开两片壳的时候，我们能清晰地看到它分泌出来的血红色的液体。血蛤喜欢生活在遍布软泥的滩底。它们虽然味道鲜美，但食用没有熟透的血蛤有感染细菌、病毒或寄生虫等的风险。

血蛤

浅海生命带

绝大部分的海洋生物都选择生活在浅海中，阳光穿透海水，蔚蓝的海水明亮又温暖，各种水下的植物和浮游生物舒展身体接受阳光的洗礼。光合作用使它们获得养料，生长得更加茁壮。但是由于浅海中的生物众多，小动物们在捕猎食物的同时，可能也会被其他的动物盯上，它们就在这样的环境中练就了一身捕食、逃命的本领。

浅海中的生物们

可以说，0～200米的浅海是海洋生物最为繁盛之地。喜光的浮游植物、海藻、海草在浅海中尽情飘摇……这些植物为小型浮游动物、儒艮、海洋鱼类等提供了食物。一些大型的海洋动物是活跃的捕食者，它们以海洋鱼类和其他动物为食；"海洋猎手"们口下的食物残渣就便宜了海底的鱼类、蟹类、海洋蠕虫……

海水中的光合作用

海水中的植物与一些浮游生物和陆地上的植物一样，也需要进行光合作用来维持自己的生存。它们利用太阳的光能，将吸收的水和二氧化碳加工成有机物，并向外释放氧气。这些有机物是非常好的养料，当然靠光合作用生存的植物和浮游生物对其他的海洋生物来说也是非常好的养料。

阳光　　二氧化碳　水

氧气　　　　　　　氧气

酶

海洋生物的光合作用

深海生命带

　　与浅海相比，深海的生存环境就比较恶劣了，但是依然有动物喜欢生活在这里。由于海底水压巨大，光照条件又不足，因此这个海域的很多生物都长得很奇怪，体表颜色也变成了黑色或者红色。接近弱光层的动物为了尽量接收光亮，眼睛长得大大的；有一些鱼类为了生存和捕猎，身上生长出了发光器，在黑暗的深海中发出点点微弱的光芒；还有很多生活在无光层的鱼类，漆黑的环境让它们的眼睛功能退化，身上长出很多触须，以保证它们能正常捕食、生存。

海水的压强有多大？

　　越到海洋深处，海水的压强就越大。那么深海的压强到底有多大呢？科学家研究表明，以1平方厘米为单位来计算，海洋水深每增加10米，压强就增加一个大气压。也就是说在4000米的深海，一个指甲盖大小的地方就要承受400个大气压，相当于400千克的重物压在1平方厘米上。可想而知，深海的压强有多么可怕。

深度（米）	压强（千克力/平方厘米）
200	20
1000	100
2000	200
4000	400

"大头"鱼

　　深海龙鱼有一个大大的头和一张长满尖牙的嘴。它虽然体形不大，却是十分凶猛的动物。它的下颌长着一条像钓饵一样的发光器，一闪一闪地前后摆动着，猎物们看到光亮不由自主地想要靠近。这时，深海龙鱼就会出其不意地张开大嘴，一口咬住猎物。

长时间不吃东西也能存活

　　世界上已知的长时间不吃东西也能存活的动物之一是大王具足虫。这种动物具有极强的耐饥饿能力。别看它长了一副虫子的外形，它的体形可比普通的虫子大很多倍。大王具足虫是腐食动物，专门吃海中已经死去的海洋生物的尸体，有时也会捕食一些行动缓慢的动物。大王具足虫适应了深海环境中食物不稳定的情况，能够在很长一段时间内不进食，一旦发现食物源，便会尽可能地摄取营养，满足长时间的能量需求。

深海龙鱼

大王具足虫

海洋生物链

人们常用"大鱼吃小鱼，小鱼吃虾米"这样通俗易懂的说法来形容海洋中捕食关系的层级。简单来说，浮游植物是整个海洋食物链的基础，由浮游植物开始，生成"浮游植物—浮游动物—小型鱼类—大型鱼类—更大的鱼类和凶猛动物"这样一个关系链条。然而，海洋中生物之间的关系十分复杂，所以海洋中的食物链远没有这么简单。通常肉食性的鱼类多处在食物链的顶端。

🐾 营养级

根据所生活水域的不同，海洋生物之间形成了不同的食物链，这些食物链上的每个不同的环节就是营养级。我们不难发现捕食者的数量往往少于被捕食者的数量。营养级每上升一级，生物的数量就会减少，最终形成了一个食物链"金字塔"。

海洋中的大多数生物都会主动捕食下一层营养级的生物来维持自己的生存。但是海洋中的生物散布在各个水域中，它们因此形成了不同的食物链条。除此之外，海洋生物们的食物残渣、粪便、分解的尸体等碎屑被海洋中的各种生物利用，形成了一种特殊的食物链——碎屑食物链。

食物链与生态平衡

大自然就是这样神奇，任何现象的出现都不是毫无意义的，食物链也一样。海洋中的食物链不止一条，生物之间的关系错综复杂，食物链产生交叉，形成了海洋中的食物网。食物网中的任何一个环节都至关重要，缺一不可，它们让海洋生态始终维持在平衡的状态。

研究海洋食物链的意义

你一定会有些疑问，人们为什么要研究海洋中的食物链呢？研究表明，动物的食物链越长，对有机物的利用率就越低。这为人工养殖提供了重要的参考依据——在养殖海洋动物时，选择食物链较短的物种，能够最大限度地降低成本。另外，充分了解海洋食物链关系，可以让人们在对海洋资源开发利用时尽量做到合理、适度，不破坏海洋环境和生态平衡。

北极熊

北极燕鸥

环斑海豹

虎鲸

斑海豹

北极鳕鱼

竖琴海豹

浮游动物

鲑鱼

毛鳞鱼

浮游植物

迁徙

很多陆地上的动物都会因为季节或者其他因素进行大规模的迁徙。科学家们研究发现，海洋里有许多生物为了生存繁衍也会定期进行距离或长或短的迁徙，但是它们的迁徙大多在海面下悄悄进行。另外，还有一些海洋生物每天都在深海、浅海之间来回巡游，进行捕猎或者躲避天敌的追杀。可以这样说，迁徙是许多海洋生物必备的生存策略。

凤头黄眉企鹅

寻找"寒冷"

北极鳕鱼是典型的冷水鱼类。夏季，它们主要生活在巴伦支海结冰区的冷水海域。等到了9月份，它们会向西南方迁徙，并在寒冷的冬季产下鱼卵。

"执着"的凤头黄眉企鹅

凤头黄眉企鹅长得十分可爱，它们以群居、团结协作的生活习性为人所知。企鹅们经常一起行动，同进同退，凤头黄眉企鹅也不例外。它们通常会在海上漂泊觅食数月后，集体爬到岛上繁殖后代。凤头黄眉企鹅记忆力出色，繁殖季节时，它们大多会回到上一次繁殖的地方，甚至找到上一次的巢穴。

北极鳕鱼

迁徙路线

鸟类的迁徙几乎不受地理屏障限制，但是奇怪的是，对于海洋生物们来说，似乎有什么限制了它们的迁徙活动，无论距离长短，很多海洋生物更倾向于在自己生活的半球内迁徙。

海洋中最为普遍的日常迁徙现象应该就是海洋生物的昼夜垂直迁徙了，这种迁徙每天都在海洋里发生着，昼夜轮回，永不停歇。当白天到来的时候，一些海洋生物会悄悄下潜，以躲避天敌的捕食。等到夜幕降临的时候，它们又上浮寻找食物，但是很多时候它们可能难以觉察到隐藏在暗处伺机而动的天敌们。

白天　黑夜

精确的路线定位

座头鲸是洄游路线十分长的海洋动物之一，它们每年夏天会到极地捕食生活，到冬天的时候就游到热带海洋繁殖。令人惊讶的是，它们在迁徙的过程中居然从不会迷路，而且迁徙的路线几乎是直线，人类至今无法破解座头鲸精确导航的秘密。

座头鲸

群居

　　海洋中生物的种类很多，它们有着不同的生活习性。有些生物喜欢独来独往，有些生物却喜欢热热闹闹地生活在一起，一起捕猎，一起进食，一起迁徙。尤其是在抵御外敌攻击的时候，群居生物显然要比独居生物更加有优势。

抱团取暖

　　有一些生活在极地的动物，因为极地极端的环境，它们不得不选择集体生活在一起。这样，在遇到恶劣天气或其他不利的情况时，能抱团取暖或共商对策。

　　帝企鹅饮食起居都喜欢和小伙伴们待在一起。当可怕的暴风雪来临时，帝企鹅会紧紧地相互依偎，每隔一段时间还会和同伴交换位置，让外层的伙伴也有取暖的机会。此外，年幼的帝企鹅们往往会被长辈们围在中间。

　　沙丁鱼群居在一起，一起行动，组成一堵"鱼墙"。旗鱼们虽然紧追不放，但是面对密密麻麻的"沙丁鱼墙"，它们似乎无从下口，只能一路跟随，寻找时机进行捕猎。

🐾 共同抵御外敌

我们常说"人多势众"，对于动物们来说也是一样的。集体的力量是强大、具有威慑力的，群居能让它们最大限度地避免受伤或者死亡，这在一定程度上提高了集体成员的生存率。

别看海象们拥有威武有力的身躯，但它们却更喜欢成群结队共同生活。

🐾 短暂相聚

有一些海洋生物的习性非常特别，它们偶尔也会三三两两地聚在一起玩耍，却不喜欢集群生活。但是这种习惯会在特定的时期发生变化，它们会聚在一起，选择配偶繁殖后代，然后化身为负责任的父母，妥帖地照顾幼崽。

海豹们平时不会一起生活，甚至包括繁殖期都是不集群的。只有当小海豹出生后，海豹们才会组成家庭群一起生活，共同照顾幼崽，幼崽断奶后，它们的家庭群就宣布解散了。

捕食

食物是地球上的生物们生存的首要追求。广袤的海洋中竞争激烈，海洋生物们必须要想出各种各样的办法来捕猎食物，满足自身的营养需求。对于深海的生物来说，这样的任务就更加艰巨了。

用电捕食

有一些动物的身体构造非常特别，为了生存它们另辟蹊径，在进化中长出了令其他动物闻风丧胆的发电器官。它们的发电器官可以释放低压或者高压电流，足以将猎物电晕，如果有捕猎者攻击，它们也可以借助放电让自己躲过一劫。

电鳐被称为活着的"发电机"，它的尾部长有许多小的"发电器"，电流从尾部流向头部的"发电器"，在它的身体周围形成了一个弱电场。电鳐能通过电流的波动感知周围的环境变化，当有猎物出现时，它就迅速放电击晕，然后再将猎物吃掉。

毒杀猎物

对于许多小巧的动物来说，想要在危险重重的海洋中生存下去，只能借助一些"小技巧"。它们具有分泌毒素的能力，捕猎的时候可以利用这些毒素把猎物弄晕，轻松美餐一顿。另外毒素还可以保护它们，让觊觎它们的捕食者望而却步。

海葵是一种很美丽的海洋动物，它们拥有柔软且色彩艳丽的触手，静静等待着小鱼小虾靠近，然后趁其不备，用触手抓住它们并释放毒素，最后再将蜇死的猎物送入口中。

未排出的含有毒素的刺

排出的含有毒素的刺

集群捕食

集群生活的海洋动物们，对比自己小的猎物一般都可以实施独立抓捕。但要满足集体的进食需求，就需要捕猎体形较大的猎物，这时团体协作就显得非常重要了。集体捕食不但能提高捕猎的成功率，还能减少成员的伤亡。

海豚是聪明且高度社会化的动物，它们有时会合力攻击一条鲨鱼，它们用力撞击鲨鱼的各个部位，直到鲨鱼无力抵抗最终死去。

鲸须

通过鲸须过滤海水和食物

滤食性动物

滤食性动物把鳃或者牙齿等器官当作滤网，将自己的食物从海水中筛选出来。这个过程中，大多数的动物猎取的都是活的生物。但是也有少部分生物例外，它们从海水中过滤上层水域沉积下来或者从其他地方漂来的动物尸体碎屑。

长须鲸张开自己的大嘴，缓慢游动，让大量的海水和小鱼小虾一起进入口中。然后，长须鲸会把嘴闭上，通过鲸须将海水排出，留下小鱼小虾作为食物。

15

防御

生活在海洋中的生物，必须掌握一定的生存技巧才能让自己在敌人虎视眈眈的关注下存活下来。逃跑并不能从根本上解决问题，有时它们必须凭借自己特殊的身体构造和本领来吓退或避开侵犯者。它们的防御机制千奇百怪，但是它们有着共同的目标，那就是让自己活得久一些，再久一些。

迷惑敌人

海洋中的许多动物都有一种奇特的本领，它们或者拥有"障眼"的武器，或者拥有"丢车保帅"的本领，这些能力让它们在遇到强劲的敌人时，可以迷惑敌人，为自己争取更多的逃命时间。

坚硬的盔甲

对于人类来说，房屋能带来抵御侵犯者的安全感。这样的策略对于动物们来说也同样适用。一些身体柔软的动物长出了质地坚硬的"盔甲"，掠食者有时会对它们的外壳无计可施，从而让它们虎口余生。

海龟体形巨大，柔软的躯体被厚厚的龟甲包裹着，捕食者即便想要吃掉它，也会因为它坚硬的外壳而选择放弃。但是也有一些动物十分聪明，重点攻击它裸露在外面的头和四肢。

海参的逃生本领很奇特，当受到敌人的攻击时，海参们会毫不犹豫地把自己的内脏从肛门喷射出去，来迷惑敌人。失去内脏的海参并不会死掉，在经过一段时间的休养后，它们又会长出新的内脏，恢复活力。

海龟

海参

16

🐾 有效的恐吓

　　一些小型的海洋动物拥有非常特别的身体构造，它们充分了解自己，并利用自己的身体做出防御反应。这些反应让它们看上去非常具有威慑力，有的掠食者会就此打了退堂鼓，也有一些掠食者因为不顾一切攻击它们，最终吃了苦头。

刺鲀

　　刺鲀一旦发现危险，就马上像吹气球一样膨胀，贴在它身体表面的尖刺也一根根竖起来。大多数的捕食者会因为无从下口而选择放弃，但有的捕食者偏要强行吞下它，最终不仅被它的尖刺划破消化道，还要忍受刺鲀体内毒素带来的痛苦。

　　乌贼既没有强壮的身体，也没有坚硬的甲壳，这让它在海洋中处于劣势地位。为了保命，它在遇到强敌袭击的时候，会释放自己储存在墨囊的墨水，将周围的海水染黑，扰乱敌人的视线。敌人短时间内看不清它的位置，它也就能趁机逃跑了。

乌贼

伪装

　　很多海洋生物为了更好地生存繁衍，在生命进化中对自己的身体结构进行了大规模改造。它们虽然身处海洋，然而凭借一身炉火纯青的伪装本领，让敌人即便擦肩而过也几乎无法发现它们。伪装不但能让它们逃过强敌的捕食，还能让它们在外表的掩护下猝不及防地扑向猎物，饱饱地美餐一顿。

🐚 保护色

　　想要确保自身的安全，让自己与周围的环境融为一体无疑是较好的方法之一。动物世界中有许多本领高强的小家伙，它们能迅速改变身体的颜色，将自己隐藏起来。这不但让它们躲开了虎视眈眈的敌人，同时也在生存竞争中保全了自己。

大白鲨

　　大白鲨是海洋中非常凶猛的掠食者之一，它们的身体背面颜色比较暗，腹面颜色却很浅。当它在猎物上方时，浅色的腹面与上方光亮的海水十分接近；而当它在猎物下方追击的时候，暗色的背面又与海洋融为一体。

色素细胞

　　乌贼的身体内储藏了数以百万计的色素细胞，遇到危险的时候，它会在几秒之内把自己的色素囊调整到合适的大小，让身体变成与环境相似的颜色。

拟态

有一些动物的本领更加高超，为了更好地融入周围的环境，让自己隐藏得更加彻底，它们直接将身体长成与周围的物体或生物接近的样子。这大大提升了它们的生存安全系数。

叶海龙

乍一看去，叶海龙就像一株海藻漂浮在水中，但它却是一条货真价实的鱼。那些扁片的半透明的海藻叶片是它的附肢，这是它伪装的利器。

警戒色

很多海洋动物都拥有鲜艳的色彩，难道它们不怕被捕猎者发现吗？其实这也是它们的一种本领，它们通过鲜艳的颜色警告捕食者——不要碰我，我有毒。在生物界中，许多鲜艳的颜色大多是作为对其他动物的警告信号，以避免被捕食。

狮子鱼并不怕被发现，它不但拥有美丽的造型和鲜艳的颜色，还拥有带毒的毒刺。大多数动物都识别出狮子鱼的警戒信号——即便吞下它，最终的结果也是自己中毒受伤，这是一件得不偿失的事情。

石头鱼淡定地蛰居在水底或者岩石旁，人们几乎发现不了它们，因为它们长得实在是太像一块石头了。

石头鱼

外皮鞘

狮子鱼

毒液腺

浅的通道

狮子鱼

鲸

　　鲸类动物在海洋中有非常重要的地位，长久以来，人们习惯称它们为"鲸鱼"，然而"鲸鱼"真的是鱼吗？答案是否定的。事实上，与水中生活的鱼类相比，鲸类动物与人类有更多的共同点：鲸的皮肤光滑，没有鱼鳞，有少许的毛发；鲸需要呼吸新鲜空气才能活下去；最重要的一点是，鲸和人类一样，由鲸妈妈产下幼鲸，用母乳哺育，并且鲸妈妈会陪伴照顾鲸宝宝。鲸类动物的种种行为都说明，它们是货真价实的哺乳动物。

半睡半醒

　　鲸也是需要睡觉的，但是如果它像我们人类一样睡觉，就会因为不能及时换气而淹死。所幸在这一点上，鲸们达成了共识，即便在睡眠中，它们彼此之间也会互相关注，确保大家都能及时呼吸。另外，最神奇的是，鲸们可以让自己的一半大脑处于深睡眠状态，而另一半大脑时刻保持清醒，两边大脑交替睡眠。

最大的动物

非洲象是不是很大？然而跟蓝鲸比起来，它简直就像一个小矮人。蓝鲸是已知的世界上最大的动物，一头成年蓝鲸的体重是一头非洲象的30倍左右。

回声定位

鲸类有一套自己的感知系统，它会发出一些特殊频率的声音，当声音遇到障碍物时会返回信号，鲸凭借返回的信号能判断出障碍物是食物还是危险。另外，有一些鲸还可以凭借自己发出的声音将猎物震晕，不费吹灰之力就能饱餐一顿。

人类受到了很大的启发，将回声定位原理应用在生活中的各个领域。医学上的超声检查就是其中一种，很多病人因此被确定了病情，进而被对症治疗，恢复了健康。

"我"需要呼吸

鲸不同于鱼类，如果长时间待在水里不露出水面呼吸新鲜空气，它就会窒息而死。然而鲸的呼吸与人类的呼吸是有差别的，人类的呼吸是不由自主的，鲸却在一定程度上可以有意识地控制呼吸的间隔。鲸鱼呼吸的时候会先呼气再吸气，它呼出的气体混合着水、黏液和一部分空气。因此当我们看到鲸鱼背部喷出漂亮的"小喷泉"时不要惊讶，那是它在呼气，以准备吸入新鲜的空气。

海豚

　　提起海豚，我们脑海里马上会出现它们憨态可掬的样子。但是你一定想象不到，海豚其实是鲸类动物中的一种，是生活在海洋中的人类的亲密伙伴。海豚是非常社会化的动物，它们有一定的自我意识和智能，喜欢群居在一起，共同协作、共同生活。虽然它们看起来非常可爱，但在捕食时，海豚会对小鱼和甲壳类动物展现出一定的攻击性。令人意外的是，对于人类，它们却表现得非常友好。

听觉神经
耳骨
脂肪填充腔
鼻气囊

海豚　人类

发达的大脑

　　海豚是非常聪明的动物，它们能完成非常复杂的动作，甚至能在镜子或者影像中分辨出自己的样子。海豚的大脑与人类有相似之处，它的大脑结构复杂且发达，但在重量上，海豚的脑重量通常低于成年人类。

是"微笑"吗?

　　无论遇到什么样的事情，海豚看起来都是微笑着的，那么它们是真的在微笑吗? 科学研究表明，海豚的生理构造使它们经常处在微笑中，虽然看起来在笑，但是实际上它们有可能在生气，也有可能在愤怒，还有可能在倾听其他同类发出的声音。它们伸出去的下颚骨可以充当听觉器官，所以海豚的听力非常灵敏，它们甚至可以听到1.6千米以外的声音。

另类的泳姿

生活在海洋中的动物，最基本的生存技能就是游泳。对于活泼好动的海豚来说，按部就班的泳姿实在是太没有挑战了，它们展现了一种独一无二的游泳方式：它们整个身体会以一个非常小的角度跃出海面，然后再以非常小的角度钻入水中。

海上救生员

我们不能确定人类为什么能与海豚成为亲密无间的好伙伴，但是可以肯定的是，这与海豚屡次解救人类于危难之中有很大的关系。至于海豚"见义勇为"的原因，科学家们一直在不断研究，但至今也无法确定。

海豚救人

海豚

鼠海豚

海豚与鼠海豚

看到鼠海豚的名字，人们大多理所当然地认为它是海豚的一种。然而事实上，虽然海豚和鼠海豚同属于齿鲸，但鼠海豚并不是海豚。它们在外形上有所区别，生活习性上也有所不同。

海牛

海牛目的动物是主要的食草海洋哺乳动物之一，别看它体形巨大，外表丑陋，它的性格可是很好的呢。作为哺乳动物，尤其是海洋中的哺乳动物，保持体温是生存的要素。海牛为了让自己不被冻死，通常只生活在温带海域，为了以防万一，它厚实的皮肤下还生有一层脂肪，以保障它在水下正常生活。

海牛有趣的进食方式

小美人鱼的传说

《海的女儿》是许多小朋友喜欢的童话故事，里面的小美人鱼深受大家喜爱。然而你也许不知道，美人鱼的原型就是看起来笨笨的海牛。海牛们喜欢半躺在海面上，怀抱幼崽哺乳，有时头上还会顶着一些海草，远远看去倒是真有些美人鱼的意思呢。

位于丹麦哥本哈根市的长堤公园的小美人鱼铜像，就是丹麦雕刻家爱德华·艾瑞克森根据童话故事《海的女儿》铸塑的。

水下除草机

海牛体形巨大，这让它不得不进食更多的水草来维持自己的体力。海牛进食的方式十分有趣，它不会像其他的哺乳动物一样用牙齿咬断食物，而是用它肥厚的嘴唇风卷残云地将水草成片卷进嘴中。

浮沉小窍门

海牛看起来很笨重，行动迟缓，那么它在水中浮沉是不是很吃力呢？当然不是，海牛凭借其特殊的身体结构和浮力原理，能够轻松地在水中浮沉。对于浮出水面，海牛也有其独特的方式，这使得它能够轻松应对水中的各种环境。

小美人鱼铜像

海牛身体剖面图

肺

心脏　肝脏　胃　小肠

儒艮和海牛的区别

儒艮作为海牛目的一员，在外形和习性上似乎与海牛没有什么区别，但是如果仔细观察，我们会发现，它们的尾巴是完全不一样的。儒艮的尾巴是水平状的新月形，与鲸的尾巴十分相似，它拍打着尾巴让自己前进，并且靠尾巴掌握方向；海牛的尾巴则呈扇形，与河狸的尾巴有点相似。所以说，尾巴是区分儒艮和海牛的主要特征。

海牛

儒艮

永远生活在水中

海牛是完全水生的动物，虽然它隔一段时间就需要浮出水面呼吸，但是它并不能因此就到岸上生活。它一旦离开海水，就会不停地"流泪哭泣"，事实上海牛眼睛流出的"泪水"是一种用来保护眼睛的含盐液体。

流泪的海牛

海象

海象长得很像陆地上的大象，它也有壮硕的身体和长长的牙齿，但是事实上海象与大象却没有什么亲缘关系。因为要适应水中觅食的生活，海象的四肢已经退化成了鳍状，这让它能在水中来去自如。海象常年生活在北极或近北极的水域，那里非常寒冷，但是对于海象来说却是一片不可多得的乐土。海象过着群居的生活，时而下海游泳觅食，时而上岸依偎休息。

海象的象牙

一生都在生长的长牙

海象最突出的特点就是它那两根长长的牙齿了，这两根牙齿实际上是海象的上犬齿。海象的牙十分神奇，它们的生长贯穿了海象的一生。别看这两根长牙丑陋，对海象来说可是十分有用的。海象在陆地冰层上行走要靠长牙钉在冰层上，配合后肢的运动才能完成。另外，牙齿还是海象主要的御敌武器，不论是抵御天敌，还是争夺领地，都离不开它们。

领地很重要

对于雌海象来说，生存要相对容易一些，雄海象对它总是很包容。而对于雄海象来说，日子就艰难得多了。它们要争夺领地，争夺配偶，这样才能生存和繁衍后代。它们想尽办法占据舒适的地方生活，然而因为族群庞大，雄海象之间的地盘之争时有发生，它们的身体经常伤痕累累。有时领地空间实在太小，几只海象甚至会摞在一起睡觉，虽拥挤但怡然自得。

伟大的母爱

海象妈妈基本每三年才会生一个宝宝，从海象宝宝出生到能独立生活之前，海象妈妈都会无微不至地陪伴和照顾它。当海象宝宝遇到危险的时候，海象妈妈会不顾一切地赶去救援。这样的生活一直持续到海象宝宝离开海象妈妈自己生活，然后海象妈妈会开始下一次繁殖，周而复始地重复这样的生活。

海象的皮肤会变色

海象皮肤的颜色在水中与在陆地上有明显的差别。当海象下水捕食嬉戏的时候，它会收缩血管，限制血液流动，以减少能量消耗，这时它皮肤的颜色就会变成灰白色。而当海象上岸休息晒太阳时，血管又开始膨胀，皮肤就变成了棕红色。

你们睡，我放哨

海象的视力很差，但是它的嗅觉和听觉非常灵敏，群体中每一个成员都是合格的哨兵。每一次集体睡觉时，都会有一头海象醒着放哨，当有危险出现的时候，放哨的海象会发出类似公牛的吼声，或用自己的象牙依次将同伴碰醒，然后逃跑。

海豹

与海象和海牛等海洋动物比起来，海豹的长相就讨喜多了。虽然它们同样没有外耳郭，身体也肥硕笨重，但是它们圆圆的脑袋、大大的眼睛和短短的毛发看起来却无比的可爱。海象大部分时间在水中生活，但换毛、休息和产仔时会上岸到浮冰或陆地。它们的皮下脂肪比较厚，足够抵御寒冷，因此海豹的分布海域非常广泛，温、热带也有它们活动的身影。

海豹宝宝的保护色

我们常常能看到白色的海豹形象，这些长着白色绒毛的海豹就是海豹宝宝。大多数新生海豹的胎毛都是白色的。这些胎毛让海豹宝宝与冰雪融为一体，保护它免受敌人伤害。一般几周后，这些胎毛就会脱落，小海豹的长相渐渐更贴近自己的爸爸妈妈的样子。

收放自如的耳朵

从外表来看，海豹似乎并没有耳朵。事实上它的耳朵只是不明显而已，海豹没有外耳郭，它的头部两侧只剩下耳道。但是这并不影响它在水中的活动，它耳道外面的肌肉可以收放自如，当它入水的时候，耳道就会关闭，防止水流进耳朵。

濒临灭绝的僧海豹

僧海豹一生都在热带海域生活，这在海豹中十分罕见。但是随着人类的捕杀，它们已经所剩无几，加勒比僧海豹已经全部灭绝，地中海僧海豹和夏威夷僧海豹的存活数量极少，也濒临灭绝。僧海豹对人类非常友好，如果有幸相遇，僧海豹会毫无畏惧地观察遇到的人，然后再慢悠悠地离开。

象海豹

象海豹看起来就像没有象牙的海象，但是它的鼻子有一个神奇的功能，当它情绪亢奋时，鼻子会膨胀起来，并发出巨大的吼声。一般来说，雄性象海豹看起来更强壮些，它们要比雌性象海豹大很多。

一夫多妻

海豹之间盛行一夫多妻制，强壮的雄海豹从来不会担心自己配偶的数量，它们总能获得雌海豹的青睐。发情期的雌海豹是海豹中的"万人迷"，很多只雄海豹会跟在它身后，任它挑选。虽然是这样，雄海豹之间也避免不了发生争斗，向雌海豹展现自己的力量。雌海豹大多会选择胜利的雄海豹，失败者只好垂头丧气地离开，继续去别处寻找伴侣。

带纹海豹

无论是雌性还是雄性，带纹海豹最突出的特点是它颈部、前鳍足和尾部各有一条明显的白色环纹。带纹海豹的作息时间非常规律，它白天在海里嬉闹觅食，到了晚上就爬上浮冰休息。

海狮

海狮憨态可掬，十分可爱。它们一般体形比较小，但北海狮除外，北海狮是海狮中体形最大的。一些雄性海狮颈肩部位长着鬣毛，叫声与狮吼非常相似，它们因此而得名。海狮性情温和，但是在争夺配偶和领地时，它们可丝毫不会对对手客气。由于海狮非常聪明，容易驯化，人类还会利用海狮来完成很多人类无法完成的工作。

海狮帮助人类救援

人类的好帮手

人类对海洋的敬畏由来已久，过去对于掉入海中的东西，人类大多是束手无策的。对人类来说，潜入水下越深，水压就会越大，到达一定深度，人类的身体就无法承受了。但是，人们渐渐发现，海狮的潜水本领十分高强，经过训练，它们可以潜入180米深的海水里，帮助人类进行打捞、侦查和救援等工作。

海狮与海豹的区别

乍一看，海狮与海豹简直像双胞胎，我们很容易就将它们混淆。但是如果仔细观察，就会发现它们之间的不同之处。

海狮有外耳，海豹没有

耳朵是区分海狮和海豹最显著的特征。海狮的耳朵虽然很小，但是明显有外耳郭；而海豹的外耳郭已经退化，只剩下两个小孔。

海狮脖子长

海豹脖子短

海狮的脖子看上去明显要长一些，海豹脖子则更短。另外海狮能直立起上半身，这个动作海豹是做不到的。

海狮的爪子　　海豹的爪子

从爪子也能分辨出海狮和海豹的不同：海狮的爪子更接近鱼鳍的样子，海豹的爪子与猫科动物的爪子有些相似。

令人担忧的生存前景

　　海狮的皮毛具有经济价值，它们因此成为人类的捕猎对象。同时，人类对自然环境的破坏使海狮的生存栖息环境持续恶化，加上虎视眈眈的虎鲸等天敌的威胁，导致其数量不断减少，如今已经到了濒危的地步。其中日本海狮已经灭绝，海狮的未来令人担忧。

人类捕杀

环境污染

虎鲸捕食海狮

海狮捕鱼

特别的消化方式

　　作为海洋中的肉食动物，海狮平时靠捕猎鱼类、海蜇和蚌类等为食，实在缺少食物的时候，海狮还会捕猎企鹅。但是海狮的吃相可不太优雅，它不用牙齿将食物嚼碎，而是将食物整个吞下。这样的进食方式很容易让它消化不良，没关系，海狮有办法——吃一些小石子帮助研磨和消化吞下去的食物。

31

海狗

海狗与狗有关系吗？答案当然是否定的。因为海狗的外形与陆地上的狗有些相似，又是海洋中的动物，所以才以此来命名。事实上，海狗是海狮科的动物，但是它们与海狮还有所不同。单从体形来看，成年的海狗要比成年的海狮小得多。体形小对于海狗来说未必不是好事。它们身体灵活，行动迅速，个个都是捕猎能手。

分辨宝宝

海狗喜欢集体生活，尤其是在幼崽出生之后。承担养育后代任务的以雌海狗居多，虽然可以帮助别的同伴照顾宝宝，但是雌海狗更喜欢自己的宝宝。可那么多的海狗宝宝哪一个才是自己的呢？海狗的嗅觉和听觉十分敏锐，即便小海狗们相貌差不多，海狗妈妈也能轻易地从它们的叫声和气味中准确地找到自己的宝宝。

捕食与被捕食

鲸、鲨鱼等动物都是海狗的天敌，但是海狗在长期逃亡中掌握了一定的规律：这些动物基本在傍晚时不会出没，于是海狗一般在傍晚捕食，这在一定程度上提高了海狗的生存率。海狗游泳的速度很快，它们经常捕猎鱼类为食，但是它们的牙齿却不能咀嚼。与海狮不同的是，海狗不会把食物整个吞下，而是将食物撕成小碎块再吃。

庞大的"后宫"

　　强壮的雄性海狗常常自立为王，"后宫"就是它的王国，而它就是"国王"。它雄赳赳气昂昂地不断征服着雌海狗，将自己的"后宫"发展壮大。一只雄性海狗最多可以拥有上百位妻子，这些妻子会为它生儿育女，而相对弱势一些的雄海狗有可能只拥有几只雌海狗，或者干脆一只都得不到，只能孤独地度过一个繁殖季。

逐渐减少

　　海狗的生殖能力很强大，寿命也比较长，可是这依然阻止不了这个物种数量在逐渐减少。人类的大肆捕杀、海狗宝宝感染寄生虫、意外天折以及气候变化对海狗栖息地的影响等因素，都让这个物种濒临灭绝。如果人类不加以保护，也许在不久的将来，我们只能通过图片才能见到海狗的身影了。

回到故乡

　　每到冬春季节，某些种类的海狗就会大规模地向南方迁徙。然而不管走到哪里，随着夏季的到来，准备繁殖的海狗就会日夜兼程地赶回自己的出生地。也许它们心里有一种执念：我一定要在我出生的地方孕育宝宝。雄海狗会提前几个星期到达繁殖地，然后开始一段时间的较量，以抢占更好的地盘。几个星期后，雌海狗才姗姗赶来。

海獭

海獭是最小的海洋哺乳动物，它有着浓密的毛发，小小的耳朵隐藏其中，看上去与老鼠非常相像。海獭的身长与其他海洋哺乳动物相比非常小巧，但是它大而蓬松的尾巴几乎超过身长的四分之一。海獭非常机警，它们几乎一生都生活在海水中，只有在反复确认非常安全之后，才会偶尔上岸休息。海里的小鱼、小虾和贝类都是海獭的食物，但是相比较来说，它们似乎更加喜欢外壳坚硬的小生物，并享受自己动手的乐趣。

躺在水面上

除了潜水、寻找食物等活动，海獭几乎大部分时间都仰躺着漂浮在水面上，无论是进食还是睡觉。海獭非常聪明，为了防止自己熟睡后溺水或者被风浪卷走，它会找一片海藻茂盛的地方，在水中滚来滚去，将海藻缠绕在自己的身上，再安然入睡。然而，海獭宝宝还不具备这样的能力，所以海獭妈妈会把海獭宝宝固定在自己的胸前，这样海獭宝宝在海獭妈妈的怀抱中能安心地睡个好觉。

灵敏的嗅觉

海獭的嗅觉灵敏得惊人，它可以闻到几千米以外的味道。如果有人在海滩上活动完离开，那么这片海滩要经过很多次海浪的冲刷，直到人类的气味散尽它才会上岸。海獭灵敏的嗅觉为其生存提供了保障，它能提前感知危险，尽量在敌人到来之前逃命。

海獭用嗅觉感知危险

海獭的毛发

梳妆打扮

　　海獭是勤于"梳妆打扮"的动物，它会花费大量的时间用牙齿和爪子梳理自己全身的毛发。这种习惯可不是为了让自己变美，而是与它的生存环境有很大的关系。如果海獭的皮毛变得脏兮兮、乱糟糟，冰冷的海水就会透过毛发沾到皮肤上，身体的热量也会很快散发掉，这对没有多少脂肪抵御寒冷的海獭来说是很糟糕、很危险的事。

最浓密的毛发

　　如果要问动物界谁的毛发最浓密，肯定非海獭莫属。那么海獭的毛发到底有多么浓密呢？打个比方来说，海獭1平方厘米皮肤上的毛发就有十几万根，相当于一个人满头的头发。海獭生活在寒冷的水域，但是与其他同地域的哺乳动物不同的是，海獭的皮下并没有厚厚的脂肪来帮助它抵御严寒，它只有靠自己密实的皮毛来保持体温。

海獭梳理自己的毛发

海獭进食

惊人的食量

　　海獭非常能吃，一天大约能吃掉10多千克的食物，相当于自己体重的三分之一。这是因为海獭的生活环境比较恶劣，能量消耗很大，体内又缺少脂肪御寒，它只能通过进食大量的食物来为自己提供足够的能量。

擅用工具

　　海獭的聪明还体现在对工具的利用上。海獭的牙齿根本不足以咬碎海胆、贝类等食物坚硬的外壳，这时它该怎么办呢？海獭在这方面积累了相当丰富的经验，它通常会找一块称手的石头，然后躺在水面，把食物放在自己的肚皮上，用石头反复敲击，直到能取食里面的内质为止。这块石头它会随身携带，以备不时之需。

海獭进食

鲨鱼

鲨鱼是海洋中最凶猛的一种鱼类，它们在5亿年前就已经存在了，比恐龙还早3亿年。有的鲨鱼吃海豹、海豚等大型动物，有的鲨鱼吃小鲨鱼和其他鱼类，有的鲨鱼会吞食一些浮游生物、小鱼、小虾，还有一种窄头双髻鲨却非常喜欢吃水草。

鲨鱼的牙齿

提起鲨鱼，你一定会想到那血盆大口以及锋利的牙齿。不过，并不是所有鲨鱼的牙齿都一个样子，牙齿的类型取决于鲨鱼所吃的食物。

大白鲨的牙齿大而锋利，呈三角形，牙齿边缘还有锯齿，可以把大型猎物撕成小块。

虎鲨的牙齿尖利而具有破坏性，可以咬碎海胆、甲壳类动物的外壳。

鲸鲨的牙齿非常多，但是又细又小。鲸鲨主要用鳃耙过滤水中的浮游生物和小鱼、小虾。

灰鲭鲨牙齿长而尖利，可以捕食到快速游动的沙丁鱼群。

鲨鱼的嗅觉很敏锐，它们鼻子里的神经细胞能探测出一滴海水中被稀释的血液味道。

体侧线

鲨鱼的身体两侧分布着对振动敏感的神经细胞，叫作体侧线。当鲨鱼游动产生的压力波碰到其他生物反弹回来时，体侧线就可以感知到。

皮肤上的盾鳞

　　鲨鱼的全身覆满了盾鳞，这些牙齿状的鳞片使其皮肤显得很粗糙。盾鳞可以保护鲨鱼不被寄生，甚至还可以成为它们的制敌武器。鲨鱼锋利的牙齿就是口腔里的盾鳞演变成的。

皮肤

囊斑

半规管

鲨鱼的耳朵

鲨鱼的感官

　　鲨鱼的感官非常灵敏，这是它们在海洋中生存、捕猎的重要帮手。

罗伦氏壶腹

鲨鱼的吻部有一些对电流敏感的感受器，名字叫罗伦氏壶腹，能帮助鲨鱼探测到猎物身上的生物场变化。

鳐鱼

鳐鱼喜欢生活在水底，常常把自己埋在沙子中。扁扁的蒲扇形身体、宽大的胸鳍、巨大的身形，这些特征让它看上去有些可怕。然而事实上，鳐鱼是比较无害的海洋生物，当然前提是人类没有去主动招惹它。鳐鱼的骨骼几乎都是软骨，但有些部位已经钙化，所以有一定的硬度。鳐鱼的体形大小各异，有的胸鳍展开后达8米；也有个别种类体形只有几十厘米，非常小巧。

尾鳍

皱褶

气门

胸鳍

眼

口鼻处

鳐鱼的身体

奇特的呼吸方式

因为喜欢待在水底的泥沙中，鳐鱼练就了一种特殊的呼吸本领：在水底时，水流从鳐鱼头顶的管路进入，然后从腹部的鳃裂流出，整个呼吸过程通过闭口完成，丝毫不用担心吸入泥沙。

鳐鱼内脏发育得比较完善，它有明显分化的胃，有独立的肝脏和胰脏。但是与其他鱼类不同的是，鳐鱼没有鱼鳔，游泳时要靠扇动胸鳍前进。

鲨鱼的近亲

从外形上来看，鳐鱼与鲨鱼毫无相似之处，但是令人称奇的是鳐鱼竟然和鲨鱼有亲缘关系。很久很久以前，鳐鱼和鲨鱼是同类，为了适应海底的环境，它不得不慢慢进化成现在的样子，毕竟像鲨鱼那样圆润的体形是无法埋身于沙下的。

鳐鱼的口并不在前端，而是位于腹部，横向裂开。

鳐鱼　　鲨鱼

带电的鳐鱼

鳐鱼中有一个特殊的种类，它天生带有高压电，并靠着自己带电的体质轻轻松松地捕食和躲避敌人的捕杀，它就是电鳐。电鳐的头部腹面两侧有发电器官，这让它可以随时随地且随自己意愿发出任意强度的电流。这些电流足以击晕、击毙它的猎物，或吓跑觊觎它的敌人。除一些特殊的种类之外，一般的电鳐能释放60～80伏电压的电。

"电板柱"

电鳐的发电器官有特殊的结构，被称作"电板柱"，电鳐体内的电板柱和电板数量相当可观，这些结构共同构成了其强大的发电系统。这些电板之间充满了绝缘的胶状物质，我们用的干电池正负极之间的填充物就是根据这些物质发明改造的。

蝠鲼

蝠鲼是非常古老的一种鱼类，它们早在中生代侏罗纪时期就出现在地球上了，最神奇的是经过漫长的生命演变，蝠鲼的体形几乎没有什么改变。它的身体不像大多数鱼类一样呈纺锤形，而是像一条铺开的毯子，这样的长相在鱼类中独具一格，非常有辨识度。别看蝠鲼体形巨大，它的脾气可是少有的温和呢，当然，前提是它没有被激怒。

水下"魔鬼"

魔鬼鱼是蝠鲼的另一个称呼，可是性情温和的蝠鲼怎么会有这样恐怖的名字呢？原来蝠鲼性格活泼，有时还非常调皮，它会悄悄游到海上航行的小船船底，用胸鳍拍打船底，发出声响；有时它会拔起停泊的小船的船锚，或者拉着船锚将小船拖来拖去。渔民们不知道发生了什么，都以为是魔鬼在作怪，后来才发现原来一切都是蝠鲼的恶作剧。再加上蝠鲼怪异的长相，它"魔鬼鱼"的名号就由此而来。

力大无穷

蝠鲼的力气非常大，这一点和它的体形非常相称。微小的生物根本无法与这样的力量抗衡，所以蝠鲼只需要轻轻划动它的肉角和前鳍就能轻松地把它们划入嘴中。一旦蝠鲼生气了，它扇动的胸鳍能轻松拍断人类的骨头，甚至致人死亡。就连凶猛的鲨鱼也要惧怕它几分，能躲开就躲开。

蝠鲼追赶鲨鱼

蝠鲼和鳐鱼

蝠鲼和鳐鱼同属一纲，看起来也十分相似，那么它们之间有什么不同之处能让我们正确区分它们呢？

蝠鲼与鳐鱼最明显的区别就是它头上的那对向前凸起的头鳍，这对头鳍是由胸鳍分化而来，鳐鱼是没有的。

蝠鲼有头鳍　　　鳐鱼没有头鳍

蝠鲼身体基本呈菱形，棱角比较分明；鳐鱼的身体则多数呈圆形或圆润的菱形。

蝠鲼呈菱形　　　鳐鱼身体圆润

鳐鱼享受潜在水底的生活。而蝠鲼相对活泼得多，它比较喜欢巡游，有时还会跃出水面。

跃出水面滑翔

蝠鲼体形庞大，是个不折不扣的"胖子"，但是它是个"灵活的胖子"。它能从水面跃出、翻筋斗、滑翔，身姿灵活，丝毫不受体重的困扰。它们的滑翔通常是因为有敌人追击或者是它们的宝宝受了欺负，也可能是身上的寄生虫让它们难以忍受。运气好的话，人们能看到很多蝠鲼一起凌空跃起，再落回水面，声如雷动，水花四溅，十分壮观。

鳐鱼潜在水底

蝠鲼跃出水面

海马

海马是海洋动物中的一个异类，它的外形看起来非常特别：头像马，尾巴卷曲，嘴像一根喇叭形状的管子，简直就是"四不像"。然而实际上，它是一条鱼——这真是令人非常惊讶的事实。它与大多数的鱼类一样，有鳃和鳍等。海马是海洋动物中的慢性子，无论做什么事，它都不慌不忙、慢条斯理。

高超的生存技能

像海马这样体形小巧，行动还慢悠悠的动物，在海洋中很容易处于危险的境地。为了自己和后代的生存，海马掌握了高超的生存技能，它擅长改变自身的颜色，将自己完美地融入周围的环境中，以达到瞒天过海的目的。更为神奇的是，它可以通过改变褶皱的表皮，让自己接近珊瑚或其他植物的样子。有时，为了更加逼真，它还会静止不动，任由海草和微生物装扮自己。

独特的尾巴

海马的尾巴看起来没什么特别，但是你知道吗？它尾巴的截面是方形的。海马的尾巴是由四个一组的"L"形骨板环绕而成。别小瞧这尾巴，它能向腹部卷曲850°。这种尾巴抗压能力非常强，能很好地保护海马的颈椎。

系好"安全带"

　　海马有一条长长的尾巴，这是它的"安全带"，我们很多时候都能看到它把尾巴卷曲起来。当它们累了想要休息，或者遇到危险时，它们就会用尾巴卷住海藻或珊瑚丛，这样不但能保护自己不被海水冲走，还能达到隐蔽的目的，躲避敌人的捕食。另外，海马爸爸分娩时也要借助尾巴将自己固定在海藻上，再收缩肌肉打开育儿囊，放出小海马。

妈妈还是爸爸？

　　不论是人类还是动物世界，一般都是由雌性负责生育后代。然而海马是生物界的一个异类，雌海马负责产卵，雄海马负责孵化。雄海马肚子上有一个类似袋鼠育儿袋的育儿囊，雌海马会将卵产在育儿囊里，然后全程由雄海马进行孵化，等海马宝宝在育儿囊里发育成形，再把它们放进海里。

独特的泳姿

　　与一般的鱼类相比，海马的泳姿独特又优雅，它一生都保持直立，前进要依靠背鳍和胸鳍的摆动来完成，这种摆动的频率比较高，大约每秒钟能达到10次，但是即便是这样，它的行动速度依然很慢，每分钟只能移动1～3米，海马因此成为世界上游得最慢的海洋动物。

飞鱼

鸟类会在天上飞是毋庸置疑的事情，然而你听说过会飞的鱼吗？飞鱼是海洋中一种特别的鱼类，它有着超强的飞行能力。最为神奇的是，飞鱼并没有鸟类那样的翅膀，它的翅膀实际上是一对宽大的胸鳍，而且它在做飞行运动时并不是靠扇动胸鳍来完成的。严格来说，飞鱼的飞行不能称作飞翔，而是滑翔。

飞鱼岛国

位于加勒比海东部的巴巴多斯以盛产飞鱼而闻名，飞鱼是这里的特产，深受人们的喜爱，它们也因此成为巴巴多斯的象征。巴巴多斯的飞鱼种类非常多，大的长达2米多，小的才巴掌大，它们争先恐后地跃出海面，成为一道美丽独特的风景。

为什么要飞行？

海洋动物们的行为看起来随性，但是生活在这样复杂的环境中，它们的一切行为都是有一定的理由的。飞鱼的个头不大，对于大鱼们来说是非常美味的点心，为了躲避大鱼们的追杀，它不得不寻求一种能暂时避难的办法，那就是利用自身的优势飞出水面，让大鱼们无计可施。

飞鱼展开胸鳍乘风"飞翔"

来自海洋之外的威胁

　　飞鱼飞出海面成功避开了海中敌人的追杀，但是它忽略了一点，生物界危机四伏，觊觎它的不是只有海里的生物，低空飞行的海鸟们是非常乐意"守株待兔"的，只要飞鱼跃出水面，它们就快速掠过去抓住，美餐一顿。另外，如果飞鱼的飞行出现了失误，撞在了礁石或船只上，也会白白丢了性命。

飞鱼被鹰捕食

飞行的主要动力

　　飞鱼飞行看起来好像离不开它宽大的胸鳍，但是实际上，对它的飞行起到关键作用的却是它的尾鳍。飞鱼并不能随时随地想飞就飞的，它起飞之前需要做一系列的准备工作。它必须先在水中高速游泳，这时它的胸鳍会紧紧贴在身体两侧，以减小它在水中的阻力。接着它在水中慢慢上升，并用尾鳍用力拍水，蓄力冲出水面，然后迅速张开胸鳍，向前滑翔。飞鱼的尾鳍为它的滑翔提供了关键的动力，如果尾鳍受到损伤或被剪掉，飞鱼的飞行能力将受到严重影响，尽管它可能仍然具有一定的游泳能力，但可能无法再像以前那样自由地在水面滑翔。

飞鱼的尾鳍不停击水，
为它的飞行提供动力

45

金枪鱼

大多数金枪鱼生活在水中100～400米的水域，它们的身体呈纺锤形，体形较长，向尾部渐渐变细。与很多鱼类不同的是，它的鱼鳞已经退化为小圆鳞。金枪鱼游泳的速度很快，一般能达到每小时30～50千米。令人惊讶的是它还有超强的爆发力，它游泳的瞬时速度最高能达到每小时160千米。

"爱旅行"的鱼

金枪鱼被称作"没有国界的鱼"，它们酷爱"旅行"，旅程最多可以达到数千千米，因此它们的分布范围非常广，低、中纬度海域几乎都能见到它们的身影。科学家们对金枪鱼做过实验，发现它们每天可以游230千米，是大型鱼类中唯一能快速、长距离游泳的鱼。

一天到晚游泳的鱼

在水中生活的鱼儿，游泳是必不可缺的一项活动，它们嬉戏、觅食，劳逸结合，无忧无虑。对于金枪鱼来说，它们所有的活动都是在游泳中进行的，觅食和逃跑时就速游，累了就慢慢游，不分昼夜从不停歇，这是为什么呢？原来这与金枪鱼的身体构造有关，金枪鱼的鳃肌已经退化，因此它们必须张开嘴，让新鲜的水流经鳃部以获取氧气，一旦停下，它们就会面临缺氧窒息的危险。

第一背鳍　　第二背鳍

鳃盖

背小鳍

口

尾鳍

腹侧小鳍

胸鳍　　腹鳍　　臀鳍

金枪鱼身体构造图

最大的金枪鱼

金枪鱼中最大的种类非蓝鳍金枪鱼莫属。蓝鳍金枪鱼体长一般为1～3米，也有一些超过3米的个体，平均体重在200～400千克。与其他金枪鱼不同的是，蓝鳍金枪鱼生长非常缓慢，加上人类的大量捕捞，它们的生存情况很不乐观。

3米

热血鱼

绝大多数的鱼类都是冷血动物，然而金枪鱼非常特别，它是热血鱼。科学家研究表明，金枪鱼的体温要比周围的水温高，它的腹部有发达的血管网，当长途旅行慢速游泳时，能起到一定的调节体温的作用。因此热血的金枪鱼能适应较大的水温范围。金枪鱼的肌肉中含有大量的肌红蛋白，这使它的肌肉呈现出与牛肉相似的红色。

静脉
动脉
21℃ 身体温度
27℃ 椎骨
29℃ 红肌
31℃ 白肌
体腔

金枪鱼血管网结构示意图

丰富的营养

金枪鱼深受人类欢迎，主要是因为它们具有超高的营养价值。金枪鱼肉脂肪含量非常低，且富含高蛋白、牛磺酸等，对人类的肝脏、血管等器官大有益处。金枪鱼肉中还含有丰富的DHA，能为人类的大脑提供充足的营养。另外，金枪鱼中还含有多种营养成分，是儿童成长时期非常好的健康食品。但是值得注意的是金枪鱼中含有少量的汞，不适宜大量食用。

抑制血中胆固醇，预防脑梗发生。

促进孩子健康成长。

二十碳五烯酸

蛋白质

二十二碳六烯酸

牛磺酸

促进血中胆固醇的消化吸收。

对于保持血压正常，预防脑出血有很好的效果。

剑鱼

剑鱼是热带和亚热带海洋中比较常见的鱼类，因为有突出的长长的上颌而得名，这样的长相在鱼类中很少见，人们很容易就能在众多的鱼类中分辨出它来。与剑鱼生活在同一海域的鱼类和海兽们很少敢惹它，毕竟它坚硬的上颌像一把利剑一样，被它刺一下可不好受。

仿生应用

剑鱼的身体构造给了飞机设计师们很大的启发，如果飞机前端也有这样一根长刺会怎么样呢？设计师很快将这个想法付诸实践，他们给飞机加了一根"长针"，令人惊喜的是，这个设计让飞机顺利冲破高速飞行中产生的"音障"，超音速飞机就这样诞生了。

超音速飞机

长长的"利剑"

在海洋生物中，剑鱼的体形并不算小，一般剑鱼的身长都在2米左右，也有一些身长能达到3米多，甚至个别的剑鱼可以长到5米。虽然它身体很长，但是其中几乎有三分之一是被它尖利的上颌占据的，这是它最有力的武器。

剑鱼的武器

剑鱼的上颌配合它超快的游泳速度，对海洋生物产生了极大的杀伤力，甚至就连人类的船只也不能幸免。在英国的自然历史博物馆里，至今还陈列着一块被剑鱼刺穿的厚50厘米的木船底板。英国的保险公司甚至曾经有一项"剑鱼攻击船只受伤害保险"。

超快的泳速

生活在海洋中，剑鱼练就了一身高超的游泳技术，它的游泳速度高达每小时130千米。1967年，《自然》杂志刊登了一份"海中动物速度比较表"，结果显示，剑鱼是已知的海洋鱼类中游泳速度最快的鱼。

剑鱼的泳速高达每小时130千米

剑鱼为什么能游得那么快?

我们很难想象剑鱼居然能游得那么快，同样我们也充满了好奇，剑鱼是如何做到的呢?

剑鱼的身体呈流线型，体表光滑，尖而长的上颌能劈开水流，上颌上下扁平，中间厚两边薄；强壮有力的尾柄为前进提供推动力。鱼骨组织中有能产生脂肪的腺体，并通过特殊的缝隙释放到皮肤表面，起到润滑、减少阻力的作用。独特的肌肉和脂肪还能提供温暖的血液，让它不惧寒冷。

尖而长的上颌　背鳍　肌肉和脂肪

腹鳍　强壮有力的尾柄

剑鱼的身体构造示意图

49

比目鱼

大自然的生物们无论样子生得多么奇怪，眼睛基本都是左右分开，长在身体两侧的。然而比目鱼偏偏喜欢与众不同，它的一双眼睛都长在了身体一侧。比目鱼身体扁平，腹部呈白色，眼睛一侧的皮肤有颜色。因为腹部的颜色太显眼，容易被敌人发现，所以它通常把腹部埋在海底的沙子中。这样它就能与周围的环境融为一体，既不容易暴露自己，又能伺机捕获一些美味的猎物。

不是天生的

比目鱼宝宝刚出生的时候和其他的鱼没什么两样，两只眼睛也是分别长在身体两侧的。但是随着比目鱼宝宝一点点长大，它的眼睛也渐渐发生了变化：位于它身体一侧的眼睛开始慢慢转移，它经过比目鱼头的上方，越过头顶转移到身体的另一侧，接近另一只眼睛。当然，比目鱼的种类有很多，不同的种类眼睛变化的过程和位置也会有所区别。

比目鱼成长过程示意图

奇特的泳姿

鱼是怎么游泳的呢？我们一定会不假思索地回答：当然是脊背朝上向前游。但是比目鱼总能给我们带来新奇的乐趣，如果仔细观察你就会发现，比目鱼游泳的时候会将有眼睛的一侧向上，侧着身体游来游去，远远看去就像平躺在水里睡懒觉一样。

你能找到藏起来的比目鱼吗？

转动眼睛

比目鱼的眼睛长在同一侧，是不是不能转动呢？当然不是，比目鱼的头骨由软骨构成，当它想要转动眼睛的时候，只需要暂时将两只眼睛中间的软骨收紧，眼睛就可以顺利转动了。它们转动眼睛的时候，自身的器官和身体构造都发生了变化。

比目鱼想要转动眼睛的时候，只需要收紧两只眼睛中间的软骨就可以做到了。

51

海蛇

中生代晚期一些两栖类动物完全适应了陆地上的生活，于是它们决定彻底离开海洋，将自己进化成为陆地上的爬行动物——蛇。然而，它们其中的一部分并不想生活在陆地上，相比较来说，它们更喜欢自己世代生活的地方，因此它们决定回归海洋，成为海蛇。当然，动物们对生存环境的选择也有自己的考量，有一小部分海蛇选择海洋、陆地两栖生活。

小心！有毒

海蛇大多在浅水海域活动，外表看起来与陆地上的蛇差不多，但种类不如陆地上的蛇多。你也许并不知道，海蛇是属于眼镜蛇科的，也就是说，大部分的海蛇都是有毒的。虽然如此，我们也不必太过担心，大多数海蛇只有在受到骚扰和威胁的时候才会咬人。

海蛇的毒性

海蛇毒液的成分与眼镜蛇毒液的成分类似，都属于神经毒。但是与眼镜蛇不同的是，海蛇的毒液主要作用于人类的随意肌。被海蛇咬的后果很可怕，这并不是因为海蛇毒液的致命性，而是因为人类常在不知不觉中中毒甚至死亡。原来，海蛇咬人时，被咬的人并没有疼痛感，加上海蛇的毒素有几十分钟到几小时不等的潜伏期，因此很容易被忽略而错过救治时机。

海蛇毒素位置示意图

毒牙　蛇毒导管　毒液

从表面上看来，海蛇与陆地上的蛇并没有什么差别，可是如果仔细观察你就会发现，它们的尾巴是不一样的，陆地上的蛇尾巴尖尖的，而海蛇的尾巴则是像船桨一样扁扁的。

小心捕食者

生物界的食物链很神奇，比如海蛇，它的毒素似乎能让人闻风丧胆，但即便是这么可怕的动物，也有天敌制约它。海蛇在海面上游动的时候也是充满不安全感的，因为虎视眈眈的海鹰和各种肉食海鸟会盘旋在空中，会快速俯冲下来把它抓走。而在海中活动的时候，海蛇也很容易被一些鲨鱼盯上。

海蛇的天敌

海蛇聚会

海蛇不是群居动物，但是有时候人们能在有些港口的海面上看到群蛇聚会的现象，十分壮观，这是为什么呢？其实，这是海蛇的生殖期到了，每到这时，它们都会聚在一起。两栖的海蛇依然保持卵生的特点，而完全海生的海蛇则是卵胎生动物。

海蛇聚集产卵

海蛇探出水面呼吸换气

需要呼吸

绝大部分海蛇都生活在深100米以内的海域，因为种类不同，它们潜水的深度也是不同的，但是不论是深水海蛇还是浅水海蛇，都需要定期到海面上换气呼吸。唯一的区别就是深水海蛇换气时在水面上停留的时间比较长，而浅水海蛇在水面上停留的时间比较短。

海龟

　　海龟是非常长寿的海洋生物，它们在地球上出现得比较早，早在2亿多年前地球上就有它们活动的身影了。在很多地区，海龟可是长寿的象征呢。然而，随着人类的捕捞和对海洋环境的破坏，海龟们本来悠闲的生活不复存在，它们的生存变得艰难起来。多年以来，海龟已经成为濒危物种，很少能够被发现了。

短而漫长的路

　　小海龟出生后，必须穿过沙滩回到海里生活，然而对人们来说咫尺的距离在小海龟们看来却是遥远且危险重重的。稚嫩的小海龟是许多海鸟最爱的食物，它们成为小海龟回归大海路上最大的威胁。另外，人类的灯光会干扰海龟宝宝的判断，一部分小海龟追随着光亮走向了不归路。因此，虽然新生的海龟宝宝数量不少，但种种因素导致小海龟的成活率十分低。

小海龟们破壳而出爬回大海

　　海龟的卵壳较软，有韧性，与禽蛋壳有明显的区别。等孵化期结束，小海龟们会破壳而出，回到海里生活。

海龟外壳坚硬，
用前肢划水，后肢掌
握方向

陆龟把头和
四肢缩进龟壳

海龟没有牙齿，
利用上下颚进食

海龟和陆龟的区别

　　陆地上的乌龟遇到危险会把头和四肢缩回龟壳里进行防御，然而对海龟来说，这是它无法完成的。海龟需要借助前肢划水，推动自己向前游去；后肢是海龟的"方向盘"，它靠后肢掌握前进的方向。海龟没有牙齿，但是它们的上颚和下颚十分坚硬，足以将食物咬开并咀嚼碎。

海龟产卵

海龟产卵后回大海去

繁衍生息

　　4～10月是海龟的繁殖期，海龟妈妈会来到岸边的沙滩上找一个合适的地方产卵。它会先用前肢挖一个能容它趴在里面的大坑，再用后肢挖一个产卵坑，将卵产在里面，用沙子掩埋好，自己则回到海中。

海鬣蜥

　　如果你看见海鬣蜥，一定会怀疑自己是不是来到了科幻世界。人们通常认为海鬣蜥是由陆鬣蜥进化来的，也有人认为海鬣蜥起源于其他的已灭绝的海洋爬行动物。海鬣蜥看起来凶神恶煞的，其实它只是虚张声势罢了，目的就是为了威吓人类和觊觎它的敌人。事实上，海鬣蜥与其他的大型鬣蜥一样以素食为主，偶尔会吃一些甲壳类的生物，食物缺乏的时候，它甚至可以去翻找垃圾桶寻找能填饱肚子的东西。

生活在海里

　　海鬣蜥的长相与陆鬣蜥很相似。不同的是，海鬣蜥在漫长的进化中让自己变得更加适应海洋的生活。它的尾巴比陆鬣蜥长很多，而且非常强壮。另外，海鬣蜥的爪子是长长尖尖的，它能在暗流涌动的海底稳稳地行走，寻找自己爱吃的食物。

强壮的尾巴让海鬣蜥能在海里自由快速地游动。

在海里游动的海鬣蜥

海鬣蜥用自己的爪子牢牢地抓住岩石，避免自己被海浪卷走。

自己控制心率

海鬣蜥有一种"特异功能"——它可以自由控制心率。当潜入海下寻找食物的时候，它会减缓自己的心率；当吃饱喝足回到海面的时候，它会加快自己的心率。更有趣的是，当感知到有敌人靠近的时候，它会马上停止自己的心跳，让敌人完全感受不到它的气息。

海鬣蜥能自由控制自己的心率

为爱变色

海鬣蜥全身的皮肤基本都是深灰色，但在求爱的时候它会让自己"变美"一些。大多数海鬣蜥在繁殖期皮肤颜色会变成黑色，并且长出一些红色的斑点。不同品种的海鬣蜥的颜色会有差别，另外有一些雄性海鬣蜥的皮肤在不同的季节颜色也不同。

海鬣蜥的皮肤会随着不同时期而变化

为什么会打喷嚏？

海鬣蜥经常会打喷嚏，难道它是生病了吗？答案当然是否定的。海鬣蜥经常下海寻找食物，就着海水大口大口吞咽。然而无论是食物还是海水，都含有大量的盐分，这就导致它体内含盐量经常超标。这时，海鬣蜥眼睛和鼻子之间的腺体就会发挥作用。超量的盐分会储存在腺体中，当存不下的时候，海鬣蜥就会昂起头通过打喷嚏的形式把含盐的液体排出体外，这些盐液落回它的头上，变干后凝成白色的硬壳，远远看去就像一顶白色的小帽子。

龙虾

　　龙虾多数分布在热带海域，所以并不是所有沿海的地区都可以见到。龙虾有着大大的头和坚硬的外壳，身体呈筒状，颜色各异。虽然它长得张牙舞爪，看起来十分有威慑力，但却是海洋中不可多得的美味。龙虾是世界上可食用的大型虾类，它肉质鲜美，营养丰富。龙虾营养价值高，价格相对也比较昂贵。

龙虾喜欢的生活

　　龙虾喜欢生活在水底深处，隐蔽在水草和石头缝隙中。它不太喜欢强光，太阳下山后是它最爱的时光，龙虾纷纷出来寻找食物或者寻找配偶。相对游泳来说，龙虾更喜欢爬行，当受到惊吓的时候，它还会弹跳着逃跑。繁殖期的龙虾喜欢打洞，这种现象在水质不佳、食物匮乏时也出现得比较多。

蜕壳和成长

　　龙虾的成长是靠蜕壳来完成的，可以说，蜕壳伴随了龙虾一生。龙虾宝宝离开妈妈的身体后，很快就开始了它第一次蜕壳，新换的虾壳是柔软的，经过 12 ~ 24 小时后，虾壳会变硬。龙虾从幼体长到成年，大约需要经历 11 次这样的蜕壳过程。成年后的龙虾到交配、产卵前也会蜕壳。与很多生物比起来，龙虾是很长寿的动物，通常都能活到 100 岁。

再生能力

　　幼体龙虾的再生能力很强，当遇
到危险时，它会选择切断自己的肢体
来迷惑敌人。它失去的部分会在下一
次蜕壳时重新长出一点，经过几次蜕
壳就会完全长出来，只是新长出来的
肢体会比原来的小一点。

龙虾肢体再生示意图

磷虾

磷虾是海洋中常见的浮游生物，在世界上的分布比较广泛，是许多海洋生物赖以生存的食物，也是人类潜藏的食物资源。磷虾体形很小，身体整体呈透明或半透明状，有些甚至能清晰地看到内脏，这让它看起来非常美丽。

营养加工厂

磷虾看起来不起眼，但海洋中尤其是南极海洋中的生物，无论大小大多都依赖它生存。科学家研究表明，磷虾是5种鲸、3种海豹、20多种鱼类以及南大洋中几乎所有鸟类的食物。还有很多大型生物间接地以磷虾为食。

以磷虾为食物的动物

磷虾的样子

磷虾的身体分为三个部分：头部、胸部和腹部。它的头胸部完全被甲壳覆盖，甲壳下缘光滑，有些生有侧齿。大部分的磷虾腹部分为7节，长有19对附肢，但不同品种的磷虾在细节上有一定的区别。在磷虾的身上有许多球形的发光器，就像一个个小灯泡。每当夜晚，尤其是受到惊吓逃跑时，磷虾群就能散发出美丽的磷光。

磷虾身体结构示意图

奇妙的孵化

小磷虾的出生非常有趣，磷虾卵被排到水里后，就开始不断下沉。一边下沉一边孵化，一直到数百米甚至上千米的深海，磷虾宝宝才会出生。然后，小磷虾就会不断上浮，一边上浮一边长大，当它慢慢成形时，也几乎到达海面了。

清洁虾、机械虾、小丑虾

虾是海洋中比较庞大的一个族群，它们有的体形很大，有的长得小巧玲珑，还有一些长得色彩斑斓，十分美丽。清洁虾、机械虾和小丑虾就是其中几种与众不同的虾。这些小家伙长得十分美丽，性情也很温和，清洁虾还能为海洋生物们做健康保健工作呢。

像骆驼的虾

机械虾的背上有一个凸起，很像骆驼的驼峰，因此也被称为骆驼虾。机械虾有一双大大的眼睛，头部还可以转来转去。雄性机械虾之间有时并不那么友好，它们可能会因为爱上同一只雌性机械虾而大打出手。机械虾有点神经质，它总是怀疑自己处于危险中，稍微有一点动静，它就飞快跳向反方向逃跑，动作可以说是非常敏捷。

爱吃海星的小丑虾

小丑虾身上布满了红色、褐色或紫色的斑点，像染上了色彩斑斓的油彩，也像马戏团里花脸的小丑，非常可爱。小丑虾的体形非常小巧，最大也不过5厘米左右。但是让人意想不到的是，小丑虾赖以生存的食物居然是比它大的海星，它偶尔也会吃海胆。如果仔细观察你就会发现，它常常和伙伴一起爬到海星背上取食海星肉。

海底保健医生

　　清洁虾还被人们亲切地称为"医生虾"。清洁虾体形小巧，无法完成救死扶伤这样重大的任务，但是"日常保健"工作是难不住它的。清洁虾以鱼类表皮的坏死组织和寄生虫为食，这对鱼儿们来说可是个好消息，它们时常发愁怎么处理自己身上那些恼人的问题，如果有清洁虾愿意来帮忙，鱼儿们是非常欢迎的。

巨螯蟹

　　巨螯蟹是体形最大的蟹，也是现存世界上最大的节肢动物，它10条长长的腿非常引人注目。很多蟹在煮熟后身体才会变成橙红色，对巨螯蟹来说，橙红色是它本来的颜色，并且一生都不会改变。巨螯蟹整体体形巨大，最大的巨螯蟹每条步足的长度都能达到两米，看上去十分具有威慑力。

　　与许多动物一样，雄性巨螯蟹比雌性体形大一些，前足也更长一些。无论雌雄都有一对坚硬的螯，能帮助它们顺利撬开贝类的壳。巨螯蟹的步足前端非常尖锐，这使得它们能掘开泥沙，寻找食物。巨螯蟹的螯和长腿可以让它们在登山的时候不仅能牢牢地抓住岩石，防止自己摔下去，还能同时拿起或抓住食物。巨螯蟹虽然拥有令人羡慕的长腿，但是它的腿是细长的，非常脆弱。

生活在深海

　　水温10℃左右的深海是巨螯蟹最喜爱的居住地。然而，每到繁殖季，它们会来到浅海海域进行繁殖，气温升高时，年轻力壮的巨螯蟹也会来到浅海活动。

被误解的蟹

　　巨螯蟹长得像一只巨型蜘蛛，它常年生活在海底，与许多自己的同类一样，经常捡拾腐烂的动物尸体为食。然而，在传入中国的时候，被错误地翻译为"杀人蟹"。事实上，巨螯蟹有时会以植物和海藻为食，它不但没有杀人的能力，甚至成了人类餐桌上的美食和水族馆里的观赏动物。

巨螯蟹寻找到食物

灵活的捕食者

　　别看巨螯蟹体形巨大，它的行动却非常敏捷。它的体内有感震器，能准确地分辨周围的物体。它悄悄地潜伏在海底，仔细观察周围的动静，一旦发现猎物的踪影就马上冲上去，从它身边经过的小鱼几乎无一幸免地成了它的美餐。巨螯蟹进食过程十分暴力，它先用自己铁钳一样的爪子牢牢抓住猎物，再用自己的大螯进行攻击，猎物们伤痕累累无力挣扎时，巨螯蟹才会将它们拆吃入腹。

寄居蟹

寄居蟹的种类很多，世界上现存的种类有500多种，它们中的绝大部分都生活在水中，也有一些选择在陆地生活。寄居蟹的腹部很柔软，非常容易受伤，因此它们不得不花费更多的精力保护自己的腹部。有点小聪明的寄居蟹在进化中找到了方法——为自己找一座房子当作避难所。于是它们开始寻找死去的软体动物的外壳，当作自己的家。随着寄居蟹渐渐长大，它们会更换寄居的外壳。

寄居蟹吃海边的面包

海边清道夫

寄居蟹是杂食性动物，它们一点儿也不挑食，海藻、寄生虫，甚至食物残渣都是它们最爱的食物，因此被人们亲切地称作"海边清道夫"。

共生关系

海底许多生物乐意与寄居蟹结成共生关系。比如海葵和寄居蟹就能签订互利共生合约，海葵触手生有刺细胞，能释放毒素，在一定程度上能保护寄居蟹；另外，海葵可以栖息在寄居蟹的硬壳上，寄居蟹不但能带着它四处游玩，而且能在觅食的时候为它提供一些食物。

海葵和寄居蟹是共生关系

寄居蟹寻找适合的新家

椰子蟹

挑剔的寄居蟹

寄居蟹一生可能会搬很多次家，可能是因为身体长大了，现有的壳太小住起来拥挤；也可能是不满意现在的居住条件，单纯地想换一换。它对自己的"住房"十分挑剔，安全系数不够的不住，不舒适的不住……就这样挑挑拣拣，直到找到自己满意的新家。

不对称的身体

寄居蟹住在自己找到的"铠甲"里，让自己顺利地躲避危险，但是相应的问题来了，它必须背着比自己身体大的壳子跑来跑去，行动迟缓了许多。长此以往，寄居蟹的身体出现了变化，它们中的大多数种类身体都呈现出左右不对称的样子。

带壳的寄居蟹

有一些寄居蟹不满足于生活在束缚它们的壳里，在进化中渐渐生长出了像螃蟹壳一样的硬壳，椰子蟹就是其中的一种，因为爱爬椰子树，喜食椰子肉而得名。椰子蟹生活在靠近海的热带雨林里，平时生活在陆地上，繁殖期会回到海中。椰子蟹的躯体和附肢的甲壳已经钙化，十分坚硬，因此不用再寄居在软体动物的壳中，没有生长束缚，它体形巨大，是最大的陆生节肢动物。

寄居蟹的身体

招潮蟹

招潮蟹喜爱温暖的环境，因此在热带或亚热带的潮间带十分常见。它的长相非常有特点，标志性的一只大螯和竖立着的像火柴棒一样突出的眼睛让人很容易就从众多的蟹中认出它来。它挥舞着大螯的样子就像在召唤潮水，因此得名招潮蟹。

大有用处的螯

雄性招潮蟹最大的特征就是它那两只不成比例的螯了，一只螯重量几乎占招潮蟹体重的一半，另一只相比之下却小得可怜。但是千万不要小瞧这对螯，它们对招潮蟹来说可是大有用处呢。超大的那只螯又叫交配螯，这可是招潮蟹吸引伴侣的制胜法宝。小的螯叫食螯，是专门用来抓取食物的。

不同性别的招潮蟹

很多生物从外表看是无法区分性别的，但是这种烦恼一定不会出现在招潮蟹身上，它们有明显的性别特征。我们常见的挥舞着一大一小两只螯的其实是雄性招潮蟹，而雌性招潮蟹的螯则比较小，并且大小一致。另外，雄蟹与雌蟹相比颜色要更加鲜艳一些。

雌性招潮蟹

大螯断了怎么办？

如果雄性招潮蟹的大螯不小心断了怎么办？如果它的大螯断掉了，那么原位置会重新长出来一只小螯，而原来的小螯会开始生长，长成大螯。

断掉大螯

大螯断处长出小螯，
原来的小螯长成大螯

雄蟹挥舞大螯吸引雌蟹

寻找伴侣

到了繁殖期，雄蟹的大螯开始发挥作用，它挥舞着自己的大螯，吸引雌蟹的注意力。如果有幸得到雌蟹的青睐，雄蟹会让雌蟹跟随它来到洞穴完成交配。雄蟹有时也会有节奏地用大螯叩击地面，向雌蟹发送求爱的信号。

过滤食物

沙滩和淤泥表层沉积了许多藻类、微生物以及食物碎屑颗粒，雄性招潮蟹会用自己的小螯挖取这些颗粒送入嘴里。它的嘴里有一个特别的器官，能将这些颗粒进行分类，有用的就吃下去吸收，没有用的就用小螯取出扔在地面上，积少成多变成一个个小小的土球，这些小土球被称作"拟粪"。

招潮蟹的"拟粪"式进食

藤壶

藤壶这种小动物长得十分奇怪，它们像一座座小小的灰白色火山一样附着在岩石、船体和人工设施等地方。它们的长相与软体动物十分相似，但是让人意想不到的是，它们竟然与虾、蟹一样同属于甲壳类动物。这种归类不无道理，它们从出生到幼体时期与甲壳类动物是基本相同的。

缺少的器官

与其他甲壳类动物相比，藤壶缺少了很多器官，它们没有能视物的眼睛；没有能感知事物的触角；也没有能行走的足。这一切仅仅是因为藤壶一生绝大部分时间都是固着生活的，这些器官对于它们来说并没有多大用处。如果需要捕食，它们只需要伸出自己像枝蔓一样的足在海水中扫来扫去，就能轻松地获取到细颗粒的食物。如果遇到了敌人，它们只要躲在自己又厚又硬的壳里，敌人就会无从下口。

选择"房子"

当藤壶还是一个刚出生的小宝宝时，它们是可以自由游动的，这种能力会一直持续到它们找到合适的住处。藤壶幼虫乘着水流，挥动着自己的小触须探查着沿途遇到的岩石等底质，判断哪个适合自己安家落户。如果遇到合适的地方，它们会找个合适的位置分泌胶质附着；如果感觉不太舒适，它们就会趁着自己还没变态的时候继续寻找。藤壶对自己的住处要求很高，毕竟一旦选择，它们将会在那里度过一生。

被藤壶附着的船底

怎样固定自己?

藤壶一旦选择好住处,就会牢牢地把自己固定在上面,且很难被取下,这是为什么呢?其实,这与它们分泌的一种胶体有关。藤壶每一次脱皮后,都会分泌一种黏性的初生胶,里面含有多种生化成分,具有极强的黏着性,最大限度地保护它们不被海浪卷走,同时成功地避免敌人的捕猎。

藤壶的破坏性

藤壶虽然不起眼,但它们对人类造成的危害却不容忽视。人类船舶的船底成为它们最爱的地方,因为航行的船舶让它们的滤食变得十分简单。但是一代又一代的藤壶附着在船底,让船舶变得越来越重,行进速度也变得越来越慢。如果藤壶附着在金属物上,则会破坏掉油漆的保护层,加速金属的腐蚀。此外渔网、码头、桥柱等都成了它们附着的目标,这让人们非常苦恼。当然,人们也从藤壶的身上得到启示,着手研制能应用在各个领域的超强黏合剂。

产卵

幼虫

藤壶的生长过程示意图

长大

寻找住处

分泌胶体固定

章鱼

章鱼的名字听起来像是鱼类，然而事实上，它是不折不扣的海洋软体动物，和鱼没有多大关系。章鱼有着与人类类似的发达的大脑，这让它与其他的无脊椎动物相比更加聪明。章鱼的分布非常广泛，世界上热带及温带的海域都能见到它。

章鱼的色素细胞

伪装大师

章鱼的体表分布着大量色素细胞，色素细胞中包含红、黄、黑、棕4种天然色素，但每个色素细胞只含有其中一种。这些色素细胞会通过收缩来显现颜色。章鱼时刻观察着周围的环境，并通过收缩色素细胞来改变自己体表的颜色，以躲避敌人或捕捉猎物。

章鱼喷墨逃跑过程示意图

有危险，快跑！

　　章鱼的御敌方式十分有趣，当它受到攻击或者惊吓的时候，最多能连续6次喷射墨汁，墨汁会将周围的海水染黑，它就能趁着机会逃跑。章鱼逃跑的速度也很快，它通过自己皮肤上的褶皱吸入海水，再通过虹管向后喷出，产生的推力足以让它向前逃出很远。

聪明的大脑

　　章鱼被认为是智力最高的无脊椎动物，独特的身体结构让它拥有出色的思维能力。除了拥有发达的大脑外，章鱼还拥有3个心脏、5亿个神经元以及两套记忆系统，其中一套由大脑独立控制，另一套与腕足上的吸盘相连，可以独立完成指令。因此我们经常能见到一些有趣的现象，比如有的章鱼会寻找椰壳做房子以及独立解决一些复杂的问题等。

胃　肝
性腺　墨囊　乳突
脑
口
心室
肾
鳃心
鳃
漏斗
腕足神经
吸盘神经

章鱼的身体构造示意图

　　章鱼又被称作"八爪鱼"，主要得名于它细长的8条腕足。它的每条腕足上都有两排吸盘。吸盘不但能帮助它牢牢抓住猎物，还能让它在海底稳稳地走来走去。另外，打架的时候，它的腕足和吸盘也是很好的武器呢。章鱼的视力非常棒，而且它的大眼睛还能分辨颜色，它眼中的世界是五彩缤纷的。

乌贼

乌贼凭借自己墨囊中的一腔浓墨，成为海洋中当之无愧的迷惑敌人的高手，它因此也被人称作墨鱼、墨斗鱼。乌贼的身体分为头、躯干和足三个部分。与章鱼不同的是，乌贼有10条腕足，其中两条用于捕食的腕足比较长，另外8条腕足则比较短。

乌贼的头呈球形，位于身体的前端。乌贼的嘴位于头部顶端，周围长有口膜，10条腕足围绕在外侧。它的嘴里有角质颚，撕咬起猎物来毫不含糊。乌贼的10条腕足左右对称生长，腕足的末端是舌状的。乌贼躯干部分的外部是肌肉性的外套膜，外套膜下是比较坚硬的石灰质内壳，躯干部分包裹着的是乌贼的内脏。

乌贼的身体结构示意图

墨鱼骨　胃　墨囊　肝脏　鳃　虹吸管

遇险跑得快

　　别看乌贼平时在水里是一副优哉游哉的样子，一旦遇到险情，它跑得比谁都快，就连爆发力超强的百米短跑冠军都追不上它呢。原来，乌贼有一套独有的动力装置，让它能在紧要关头获得逃命的速度。乌贼的尾部长有套膜孔，海水通过套膜孔进入，通过腹侧的漏斗管喷出产生动力。它靠着这种动力可以一次性前进大约50米。

有毒的乌贼

　　火焰乌贼长得色彩斑斓，十分美丽，但是你知道吗？它是唯一一种有毒的乌贼，它美丽的颜色就是一种警告——我有毒，别碰我！科学家对火焰乌贼进行了毒理学研究，发现它的肌肉组织具有强烈的毒性，强度甚至可以媲美剧毒的蓝环章鱼。

乌贼逃跑过程

唯一的毒乌贼——火焰乌贼

　　乌贼的体内有一个墨囊，它分泌出来的墨汁全都储藏在这里。遇到敌人进攻的时候，它就会收紧墨囊，将里面带有毒素的墨汁尽数喷出，不但使海水变了颜色，毒素还能麻痹敌人，让乌贼能顺利地跑掉。但是乌贼不到万不得已的时候是舍不得喷出自己的墨汁的，因为储藏一墨囊的墨汁对于它来说实在是太耗费时间了。

壮烈的生殖过程

　　到了生殖期，大群的乌贼会聚集在浅水区域求偶，雄性乌贼和雌性乌贼一见钟情后，雄性会从泄殖孔排出一个精囊交给雌性，雌性会将它与自己的卵囊结合，然后挂在海藻或木片上，让它自行孵化。这看起来是一个很正常的过程，但是令人惋惜的是，大多数的乌贼在交配后就会死亡，很多乌贼宝宝一出生就失去了自己的父母。

乌贼的卵

海螺

海洋贝类在全球各大洋都有分布，其中以温带、热带地区居多，那里的海域气候温暖，阳光充足，能为它们提供多种多样的食物。作为软体动物，海螺的身体实在太柔软了，很容易成为大型动物的猎物。为了生存，它们不得不躲在自己比较坚硬的壳里，尽可能地保障自己的安全。但是很多时候，外壳也不足以让它们自保，捕猎者总有自己的方法破坏它们的外壳，将它们拆吃入腹。

海螺贝壳

美丽的螺壳

海螺的螺壳边缘的轮廓接近四方形，表面有些粗糙，质地比较坚硬，多数是褐色或者灰黄色的，也有一些长有美丽的花纹。每只海螺的外壳都整齐地排列着细沟和螺肋，这些特征都让它成为最天然的艺术品。

金斧凤凰螺

金斧凤凰螺

金斧凤凰螺外壳的花纹看上去光彩熠熠，十分华丽，不过，最有辨识度的要数它螺壳末端的指状突出，仔细观察，形状与斧头真有几分相似呢。金斧凤凰螺生活在热带和亚热带海域，足部比较窄，但是却很强壮，它非常擅长跳跃，最远可以跳出10米左右。

万宝螺

万宝螺是海螺中极具观赏性的品种，它的前端酷似噘起的嘴唇，颜色鲜艳，富有光泽。万宝螺寓意吉祥，但数量稀少，并且捕捉十分困难，因此它成了海螺中难得的珍品，深受人类的青睐。

海螺的猎物

海螺生性并不凶猛，经常慢吞吞地在海底徜徉。对于它们来说，只有海藻和微小的生物吃起来方便，还不用耗费太多精力。令人意想不到的是，海螺们有时还爱吃棘皮动物。

万宝螺

海螺的食物

女巫骨螺

女巫骨螺与其他的海螺比起来长相非常奇特，远远看去，它的外形酷似一根球棒。螺壳上还布满了长长短短的棘刺。这些棘刺让肉食捕猎者们十分头痛，它们一边觊觎着女巫骨螺鲜美的身体，一边却因为它的棘刺而无从下口。

女巫骨螺

唐冠螺

唐冠螺

唐冠螺在海螺中是大个子，它最爱吃的食物是海胆。它的样子看起来是不是很像唐朝僧人的僧帽呢？相传，它的名字就是这样来的。软体动物的身体通常是左右对称的，唐冠螺的祖先也是这样，但是经过长时间的进化演变，唐冠螺的身体中发生了扭转，形成了不对称的体形。

砗磲

砗磲（chē qú）生活在热带海域，对珊瑚礁情有独钟。它属于双壳类动物，个头也是双壳类动物中最大的。砗磲的壳顶弯曲呈弧状，壳的边缘呈波浪状弯曲，且上下两壳大小相当。别看砗磲看上去灰扑扑的不怎么美观，其实我们生活中见到的很多名贵的工艺品可都与它大有关联呢。

被误解的砗磲

砗磲因为体形巨大常常遭受人们的误解，很多人认为它非常凶猛，具有攻击性，甚至说它是"食人蚌"，还有报道说有潜水员因为被它夹住手臂而葬身水下。这些罪名对砗磲来说非常冤枉，砗磲本身以藻类为主要食物，对人类根本没有任何威胁。另外，许多成年后的砗磲双壳很难完全闭合，即便是能闭合双壳，它还需要花上点时间排出体内的海水，才能用力闭紧双壳，这是一个看起来略显缓慢的过程，反应迅速的人类见势不妙早就躲得远远的了。

砗磲排出体内海水

共生关系

与其他的贝类一样，砗磲通过吸收海水过滤其中的可食用物质。但大多数情况下，砗磲更依赖一种与它日夜相伴的单胞藻——虫黄藻。虫黄藻与砗磲达成互利共生的关系，一方面，虫黄藻借助砗磲外套膜边缘玻璃体聚合光线，进行光合作用，促进自身大量繁殖；另一方面，虫黄藻能为砗磲提供高质量的养料。就这样，砗磲不断地茁壮成长，并成为贝类里的老寿星。排除外力因素，健康的砗磲可以活到100岁。

砗磲

虫黄藻

表里不一

与很多贝类不同的是，砗磲的外表看上去一团灰，长得一点儿也不美观。但是当它在海中张开外壳时，体内的色彩却绚烂多彩，并带有各种花纹，十分夺人眼球。可以说砗磲是外表低调，内里华丽的典型，也是少有的"表里不一"的动物。

番红砗磲是同类中颜色最鲜艳美丽的

宝贵的价值

砗磲自古至今都深受人类喜爱，现已被列入国家一级重点保护野生动物名录。一些清代官员顶戴上的珠子就是用砗磲做的。砗磲还有极高的药用价值，具有安神、镇定、降血压、强身健体等功效。另外，佛教中砗磲是驱魔辟邪的宝物，它也因此被称为佛教的七宝之首。正因为砗磲具有这些极其珍贵的价值，它遭到了人类的大量捕捞，数量锐减，处境堪忧。

砗磲手串

清代六品官员顶戴上的珠子

牡蛎

牡蛎是非常常见的海洋生物，分布非常广泛，种类也较多，总计有100多种。海上风大浪急，小动物们一个不小心就可能会被卷走。但是牡蛎却非常聪明，它将自己的身体固定在岩石上来抵御风浪，并从流经的海水中过滤食物，维持自己的生存。牡蛎肉质鲜美，营养丰富，是人类餐桌上的美食。近年来，人类也开始对一些牡蛎品种进行人工养殖，并取得了不错的成果。

疼痛的产物

对于珍珠我们都不陌生，珍珠是常见的有机宝石，圆润富有光泽，让人爱不释手。但是说起来有些残忍，珍珠其实是牡蛎疼痛的产物。沙砾或其他寄生物随着海浪进入了牡蛎的体内，异物的侵袭使它柔软的身躯感到非常疼痛，它不得不不断分泌一种珍珠质将异物层层包裹起来，日积月累便形成了珍珠。

牡蛎产珍珠

海底牛奶

牡蛎还被人类称为"海底牛奶"，可见它的营养价值有多么高。科学家研究发现，牡蛎的肉中含有大量的蛋白质、维生素以及锌、钙等矿物质，具有调理血压、美容养颜、强身健体等多种功效。

清蒸牡蛎

会游泳的小牡蛎

　　牡蛎的性别很奇怪，有雌雄异体也有雌雄同体。当繁殖季节到来的时候，雌雄异体牡蛎的受精发生在雌性牡蛎的体内，而雌雄同体的牡蛎则会将卵排在水中，完成受精。受精卵孵化后，变成了会游泳的牡蛎宝宝。经过两周左右的生长，牡蛎宝宝会选择岩石等地方将自己附着在上面，大约三天后，它就会失去游泳的能力，只能永久地固定生活了。

不要生吃牡蛎

生吃有风险

　　一些名著里有生吃牡蛎的说法，一些城市中的人和沿海的渔民们对此更是热衷，他们认为生吃牡蛎不但新鲜美味，还能最大限度地保留它的营养，对身体大有益处。然而美国食品药品监督管理局发布的一份警示却给了这些人当头一棒：牡蛎中可能含有诺如病毒和霍乱弧菌，生吃可能会遭受感染，造成肠胃不适、高烧、休克，甚至引起败血症。

幼体

有足幼体

幼虫

受精卵

牡蛎生长过程

早期

未受精卵

后期

成年牡蛎

鹦鹉螺

鹦鹉螺的名字非常特别，但是值得注意的是，虽然它的名字是鹦鹉螺，但它与鸟类中的鹦鹉并没有什么关系。鹦鹉螺是古老的物种之一，早在几亿年前就已经出现在地球上了，只是随着时间的推移和地质演变，现存的鹦鹉螺只有约6种。鹦鹉螺的外壳光滑，十分美丽，因此深受广大爱美人士的喜爱。

复杂的身体构造

从外表看，鹦鹉螺的壳左右对称，看起来很简单，然而令人感到惊讶的是，它的壳竟然由大约36个腔室组成。这些腔室绝大多数都充满气体，只有位于最末端的壳室没有，这里空间最大，是它的躯体居住的地方。鹦鹉螺的各个腔室之间生有隔膜，由连室细管相连。

连室细管：鹦鹉螺通过连室细管输送气体和海水，并借此来改变自己密度，让自己浮向水面或沉入水底。

触手：鹦鹉螺长有90只呈丝状或叶状的触手，主要用来捕食以及在水底爬行。每只触手的下方都有一个漏斗状的构造，能通过收缩肌肉排出水分，是鹦鹉螺移动身体的动力装置。

缝合线
连室细管
腔室
嘴
胃
鳃

鹦鹉螺螺壳剖面

海洋中的活化石

鹦鹉螺早在4.5亿年前的奥陶纪就已经出现在地球上了。在数亿年的进化和演变过程中，它的外形和习性几乎与出现时保持一致，变化甚微。唯一明显的变化是它的生活区域由最初的浅海转移到更深一些的海域。鹦鹉螺对生物进化、古代气候和生物的研究有着极其重要的价值。

鹦鹉螺的启示

我们不得不承认，许多生物与大自然的发展演变有着神秘的联系，比如树木的年轮可以计算树龄，还可以辨别方向。美国的两位地理学家发现，鹦鹉螺螺壳上的螺纹有许多隔，每隔上的波纹状生长线在相同的地质年代保持不变，但会随着化石年代的上溯而递减。生长线的数量与中国农历的一个月的天数相同。

鹦鹉螺不但能帮助科学家揭示自然的奥秘，还能为人类带来启示。人类借鉴鹦鹉螺吸水下沉、排水上浮的方式，发明了第一艘核潜艇。1954年，世界第一艘核潜艇"鹦鹉螺"号在美国下水，与普通的潜艇相比，"鹦鹉螺"号装备更加先进，仪器更加精良，续航时间也更加持久。

海星

    海星看起来就像是从天上掉进海里的星星，长相极具欺骗性，人们很容易因为它的外表和斑斓的色彩就忽略掉它捕食时残暴的样子。海星这种海洋生物十分特殊，它是没有脑袋的，只有从身体中间伸出的5条腕。然而，它的腕也不一定是固定的5条，有的品种只有4条腕，还有的品种能长40条腕。

分身有术

    海星的再生能力强得惊人，它的腕和体盘受到损伤后都可以自然再生。更为神奇的是，如果把海星分成几块丢入海中，每一块都能重新长成一只海星。甚至即便海星的腕只剩下1厘米，它也能重新生长完整。

海星的再生

嘴巴也是肛门

海星最与众不同的一点是它的进食和排泄都是通过嘴巴来完成的，这听起来似乎让人难以接受。事实上，海星是没有什么粪便的，它捕食时把胃泡吐出包住猎物，将食物消化得差不多了才把胃收回去，它吐出来的不过是一些无法消化的硬物。因此除了少部分的种类之外，大部分的海星背部中央小小的肛门都已经退化了。

嘴

海星的嘴

大胃王

海星的消化系统很奇怪，它的身体里长了两个胃，这让其拥有了惊人的消化能力。它将自己其中一个胃吐到体外，包裹住用嘴吞不下去的食物，进行消化。有的食物没有完全消化也没有关系，它身体内的另一个胃可以继续完成消化任务。这种特殊的身体构造让它成为名副其实的"大胃王"。

海星进食

眼睛在哪里？

不论是上看下看还是左看右看，我们都无法在海星身上看到它的眼睛，但是实际上海星是有眼睛的，那么它的眼睛长在哪里呢？其实，海星的每条腕上都有由大量单眼组成的复眼，虽然没有晶状体，但好在还是能模糊成像的。

监视器

海星的皮肤上长有许多微小的晶体，这些晶体就像一个个聚光的透镜，它们能与复眼联合行动，观察收集来自四面八方的信息，帮助海星及时掌握周边的状况，做出应对的策略。

海星的眼睛

海胆

看着这个小家伙是不是觉得非常眼熟？它长得是不是很像陆地上蜷起身子的刺猬呢？它的名字叫海胆，是海洋中的一种无脊椎棘皮动物。它柔软的身体外面包裹着一层由3000块小骨板组成的硬壳，硬壳上布满了长短不一的棘刺。另外，海胆壳上还有一些小孔，它的管足会从这些小孔伸出，帮助它摄食和探索世界。

会动的棘刺

海胆的棘刺有长有短，长的能达到10～20厘米，短的只有1～2厘米。这些棘刺非常灵活，可以随意指向任何方向。一些种类海胆的棘刺末端还长有毒囊，这些都能最大限度地保护海胆，躲避敌人的袭击。海胆的棘刺是中空的，很容易就会断掉，但是即便是棘刺断掉了也不用担心，它还可以再次生长出来。

海胆中空的棘刺

缓慢地移动

没有特殊情况的时候，海胆是不大乐意移动的，即便是移动，也是慢悠悠的。海胆很随性，有时用管足抓住岩石，靠棘刺把身体抬高，以步带控制方向散步；有时会利用自己身体形状的优势滚着走；还有的时候，它就是不想动，干脆没有目的没有方向地随波逐流。它的管足和棘刺非常有用，不但能帮助海胆移动，还能在它不小心翻转过去的时候将它翻正过来。

海胆的棘刺和管足

生殖传染

众所周知，有些疾病会传染，但是让人意想不到的是，海胆的繁殖也是会传染的。到了繁殖期的时候，只要有一只海胆把精子或者卵子排在水中，同一片水域的成年海胆们就像听到了广播指令一样纷纷排精或排卵。这种奇特的生殖现象被称为"生殖传染"。

海胆的成长过程

海胆的身体构造示意图

嘴在哪里？

海胆像一个刺球，棘刺将它包裹得严丝合缝，那么它有嘴吗？它的嘴在哪里？它又是怎样进食的呢？大多数海胆的口长在口面围口膜中央，还有一些海胆的口位于身体前端。海胆的口腔里长着非常复杂的咀嚼器，可以毫不费力地咀嚼食物。

海参

海参不仅是深受人类青睐的保健品，还是非常名贵的药材。它的身体呈筒状，身上长满肉刺，看起来十分奇怪。别看海参长得不太好看，却是非常古老的动物，它在6亿多年以前就已经出现在地球上了。为了能更好地生存，它还练就了一身随着居住环境的变化而改变自己身体颜色的本领。

夏眠

海参是非常敏感的动物，当周围环境出现变化时，不适应的海参就会及时做出应激反应。比如当温度达到20℃时，海参会感觉非常不适，因此它选择来到深海的岩礁处，找块岩石躲在下面开始夏眠。整个夏眠的过程会持续到秋后，在这个过程中海参不吃东西也不移动，以减少能量消耗。同时它会将身体萎缩，并变得像石头一样坚硬，以保证在夏眠的时候不会被路过的敌人吃掉。

变成一摊水

如果幸运地捉到一只海参却没有及时处理，隔几个小时你会惊奇地发现，海参不见了，它所在的地方只剩下一摊水。你一定会以为它是偷偷跑掉了，那可就错了，那摊水就是海参变的。原来海参的体壁里有一种自溶酶，当环境不适宜或受到感染没有得到及时处理，它的体壁就会变形，自溶酶开始发生反应，溶解成胶体。

海参　　　　　　　　　溶解成

自溶酶开始反应

自溶的海参

多样的繁殖方式

　　海参历经数亿年没有从地球上消失，与它超强的繁殖能力是分不开的。繁殖期的海参一次排卵多达500万枚，能有效地保证自己种族的延续。另外，与许多动物不同的是，海参不但可以进行有性繁殖，还可以进行无性繁殖。也就是说，海参不仅能够排精或排卵，还能把自己切断，经过几个月的生长，分别长成完整的海参。

雄性

雌性

正在产卵的海参

潜鱼

海参

潜鱼钻进海参体内

潜鱼的避难所

　　潜鱼体表没有鳞片，身体又非常柔软，很容易成为其他动物的猎物。为了生存，潜鱼盯上了海参，并单方面与海参达成了共生关系，因为海参并没有获得任何利益。潜鱼会仔细观察海参排泄口的情况，然后顺着排泄口溜进它的身体里。一般的潜鱼都会和海参和平共处，然而地中海的潜鱼却不懂得感恩，它饿了就会把自己寄身的海参内脏吃掉。

保命的本领

　　经历过漫长的进化，海参练就了一套保命的本领。首先，它会把自己的颜色变得与周围环境相适应，让敌人发现不了，从而顺利躲过一劫。但是如果被敌人发现，它会采取第二套方案"丢车保帅"，也就是一股脑把内脏丢给敌人，然后趁机逃跑。有时敌人并不上当，万般无奈的海参只好任由敌人咬上一口，只要能剩下头部或肛门，在适宜的环境中经过3～8个月的休养，它就又能生龙活虎地四处游走了。

海参头部

新海参

主体海参
重新长成

三节海参

海参尾部

新海参

海参的再生

梅花参

梅花参是海参中个头最大的成员，最大的梅花参体长甚至可以达到1米。梅花参也叫凤梨参，因为它的外表很像一个凤梨，加上它背面生有呈梅花状的肉刺而得名。与其他的同类相比，梅花参长得似乎要美丽得多。由于梅花参是食用海参中的上品，嗅到商机的人们争相捕捞，造成梅花参的数量急速减少，濒临灭绝。

随机应变的梅花参

梅花参的身体构造非常简单，它的身体发达，却没有大脑。梅花参是动物界中优秀的"百变魔术师"：如果附近有美丽的珊瑚，它就变成与珊瑚接近的颜色；如果附近是礁石，它就变成与礁石相近的颜色；如果附近只有绿色的海藻，它就会毫不犹豫地变成绿色；当然如果周围环境开阔，几乎没什么遮挡物，它就变成海底泥沙的颜色。

梅花参颜色变化多

梅花参

海参中的"美人"

梅花参背面是橙黄色或者橙红色的，零星散布着褐色和黄色的小斑点。它的背上长了许多大肉刺，这些肉刺每3～11个在基部相连，看起来就像一朵朵梅花。这些特点让梅花参看上去个性十足，并成为海参中不折不扣的"美人"。

对环境很敏感

梅花参进食非常简单，它不需要费力地捕猎食物，只需要吞入海沙，消化里面的微小生物就足够了。因此它对环境的变化非常敏感，一旦它生活的海域出现污染等环境问题，它的身体就会腐烂，此时它可能会吐出内脏。等它到了水质清洁的水域，内脏又会重新生长出来。

梅花参对环境敏感，水质不好，梅花参吐出内脏

巨梅花参

巨梅花参

巨梅花参是梅花参的一种，它与普通的梅花参在长相上有一点儿差别，它的后背长着许多疣状的足，而普通梅花参身上显眼的花瓣状肉刺在它身上却不常见。

海百合

海百合的样子和它的名字一样美，人们很容易因为它的名字而将其归类为植物。可是实际上，海百合是货真价实的海洋棘皮动物。不但如此，它已经在地球上生活了5亿多年，比恐龙出现得还要早，是名副其实的海洋"古董"。因为它颜色艳丽，与百合花的花朵样子相仿，故而被称作"海百合"。

海百合捕食时的变化

海百合的身体由许多像植物茎一样的腕足组成，不同品种的海百合腕足的数量也有所差别，有的海百合只有2条腕足，还有的海百合腕足多达200条。

海百合每条腕足的内侧都有一条步带，上面两列柔柔的羽状物是它的触手状管足，能分泌出抓捕猎物的黏液。

海百合的腕在捕食的时候是高高举起的。小动物们很容易就被它迷人的色彩吸引，并不由自主地靠近，海百合就会趁机抓住它们美餐一顿。吃饱后的海百合会选择睡觉，这时它的腕会无精打采地下垂，看起来就像快要凋谢了一样。

站立在原地

曾经的海百合都长有柄，终生固着在一个位置生活。但是这样的生活并不安全，很多鱼群盯上了它们，它们的茎秆被这些鱼类残忍地咬断，"花朵"也被破坏得不成样子。但是有一些海百合却在这样恶劣的环境中生存下来，因为它们不是真正的植物，内脏又没有生长在茎秆上，咬断也不会致死。人们给这些失去了柄的海百合起了一个非常好听的名字——海羽星。随着时间的推移，海洋中的海羽星越来越多，而原始的海百合却越来越少，甚至灭绝。

海羽星

海羽星　海羽星尾部　长成小海羽星　　重新长大

海羽星的再生

自由行走的海羽星

海羽星是一种可以自由行走的海百合，与固着生长的海百合不同，它的底部只有弯曲的卷枝，用来抓住岩石，防止自己被暗流卷走。海羽星会微微抬起身体，利用腕足向前缓缓移动，即便是这样，它也只能短距离走动。海羽星有时也会游泳，这种情况一般发生在它遇到危险不得不快速逃命时。

大多数海羽星都是夜行性动物，它们白天躲在岩石缝隙里休息，晚上才会爬出来舒展身体捕猎食物。海羽星还具有很强的再生能力，即便失去了部分或者整条腕足，也能重新再长出来，甚至有时就连失去了内脏也能再次长好。

虽然我们现在看到的海百合美丽妖娆，年轻富有活力，但早在几亿年前，海百合就广泛生长在海洋中了。那时的海洋是它们的天下，随处都能见到它们的身影。

蛇尾

蛇尾与海星、海胆等动物一样，同属于棘皮动物，它的样子看起来与海星有些相似，但是蛇尾的腕相比较而言更加细长，并且更加柔软，容易弯曲。这些腕在蛇尾爬行的时候分工明确，帮助其灵活地运动。因为它爬行时蜿蜒蠕动，像蛇的尾巴一样，因此被命名为蛇尾。

蛇尾的运动方式

蛇尾的腕上长了许多棘，这些棘能增大腕与海底的摩擦力。有时蛇尾会将一条腕向前，其余四条腕在后面辅助运动；有时蛇尾会将两条腕同时向前进，其余三条腕辅助运动。蛇尾的运动方式基本只有这两种。值得注意的是，蛇尾纤细的腕特别容易折断，但与其他棘皮动物一样，它的再生能力非常强大，即便它失去了体盘，也能重新生长出来。

蛇尾的运动过程

蛇尾和海星的区别

　　蛇尾属于海星亚门，长相与海星也极其相似，然而如果将海星与蛇尾放在一起，人们很容易就能发现两者之间的差别。

　　与海星相比，蛇尾的体盘更大一些，且腕与盘之间有着比较明显的交界。蛇尾的腕细长，有的要比它自身体盘的直径还要长很多倍，而海星的腕相对比较粗壮。蛇尾并不具备吸盘和步带沟等身体构造。

造型复杂的筐蛇尾

　　蛇尾的个头普遍小巧，但筐蛇尾是个例外，它的体重能达到5千克左右。筐蛇尾的长相非常独特，与一般蛇尾不同，它每条腕都分出了许多分支。白天的时候，它收缩着腕和分支，看起来就像一团枯树枝。但是夜幕降临后，它就开始渐渐舒展自己的身体，形成一个能滤水的"篮子"，海水流经后，小生物就被留在了"篮子"里。这时筐蛇尾会收起腕，待找到安全的地方后，再慢慢享用食物。

筐蛇尾

海鸥

　　海鸥是海边最常见的鸟类，我们时常能看到它们展翅飞翔或者成群休憩的身影。海鸥是候鸟，因此不一定非要来到海边才能见到它们，有时在一些内陆湖泊和河流也能发现它们的踪迹。海鸥的许多特性不仅能为航海的海员带来启示，还能在一定程度上为保护自然环境做出贡献。

海鸥追船

跟着船只飞

　　无聊的海上航行总能因为一群海鸥相伴而变得有趣起来。那么海鸥为什么喜欢追随船只飞行呢？其实归根结底还是离不开一个"吃"字。乘风破浪的船只航行时卷起的浪花足以将小一点的鱼虾拍晕，追随着船只的海鸥们不费吹灰之力就能吃到美味的食物。另外，船只在航行时会产生一股上升的气流，想要偷个懒的海鸥们可以乘着气流省力地飞翔。

海边清洁工

　　海鸥对食物非常执着，因此食物丰富的海岸和港口等地方是它们最爱成群聚集的地方。它们从不挑食，可以吃鱼虾、螃蟹、软体动物，也可以翻垃圾桶寻找人类的残羹剩饭，大概只要是能吃的东西，海鸥都会一扫而空。人们因此赋予海鸥"海边清洁工"的称号。另外，有一些海鸥十分调皮，它们有时会出其不意地抢夺在海边休息的游人手中的食物。

天气预报员

　　海鸥是非常优秀的天气预报员。当它们贴着水面低飞的时候，预示着天气将会非常晴朗；当它们开始不停地在海边徘徊，就表示快要变天了；当它们到岸边躲起来或者纷纷从海面展翅高飞飞向岸边，就说明暴风雨快要来了。那么海鸥是怎样做到预知天气的呢？原来，海鸥的骨骼非常特殊，内里中空且充满空气，因此它们能敏锐地感觉到大气压的变化，并做出不同的反应。

冬羽和夏羽

　　海鸥候鸟的特性，导致它们的羽毛在不同的季节发生不同的变化。成鸟海鸥的羽毛有冬羽和夏羽之分，冬羽和夏羽背部的颜色都呈石板灰色，区别就是它的冬羽头顶、头侧等处长有淡褐色的斑点，而夏羽的头颈部则全部都是白色。

冬天的海鸥

夏天的海鸥

骨腔

肺　气囊

气管　　支气管

海鸥的骨骼结构示意图

信天翁

信天翁是栖息在海洋的一类大型海鸟，它们的体长能达到68～135厘米，翼展能达到178～350厘米，是海鸟中名副其实的大家伙。别看它们身形巨大，看上去很有威慑力，实际上却是非常温驯的鸟，因此很多信天翁也被人们昵称为"笨鸟"或者"呆鸥"。

滑翔冠军

信天翁素有"滑翔冠军"的美誉，因为它们善于飞行，并且拥有超强的滑翔本领。信天翁懂得巧妙地利用气流的变化来调整自己的飞行高度。值得注意的是，它们起飞必须借助逆风条件，有时风力条件不理想它们还会选择从悬崖边起飞。风力条件良好的情况下，信天翁可以在空中停留长达几个小时，并且丝毫不需要拍打大大的翅膀。然而，如果某一天天气太好，连一丝微风都没有，信天翁略显笨重的身体就无法飞上天空，这时的它们就只能老老实实在水面或陆地上活动了。

漂泊信天翁的滑翔过程

漂泊信天翁

漂泊信天翁是一种大型信天翁，它对海洋的感情十分深厚，一生有大约90%的时间都是在海上漂泊。它的成熟期非常长，通常要到六七岁的时候才成年，成年后，它开始繁殖，等信天翁宝宝羽毛丰满就会开始在海上漂泊的一生。

专情的漂泊信天翁

漂泊信天翁对待自己的"婚姻"非常有原则性。成年之后，它们会回到自己的出生地进行繁殖，但是与很多其他动物不同的是，它们对寻找配偶这件事非常谨慎，通常它们会多方考察，觉得各方面都满意才会决定在一起。不同的漂泊信天翁会采取不同的方式向心仪的对象求爱。

两只漂泊信天翁在一起之后，它们也不会急着"结婚"，而是会选择谈上一阵子恋爱，如果生活和谐才会正式进入婚姻。漂泊信天翁对爱情非常忠贞，除了极特殊的情况之外，它们一旦选择了自己的配偶就会相伴终生。

漂泊信天翁求爱

满满的爱

漂泊信天翁的专一还体现在繁殖后代上。它们每次繁殖只会产一枚卵，由夫妻双方共同孵化、共同哺育，把满满的爱全部给一个宝宝。这些还不够，漂泊信天翁夫妻还会不辞劳苦地外出为宝宝寻找营养丰富的食物，直到它们的宝宝长大，而这时的漂泊信天翁宝宝甚至长得比它的父母都要强壮。

漂泊信天翁哺育宝宝

潜入水中

漂泊信天翁创造了不少世界之最。它们是世界上最大的海鸟，不仅如此，它们还是世界上最会潜水的海鸟，最深可以潜到水下12米。

漂泊信天翁潜水捕鱼

鹈鹕

　　鹈鹕的四个脚趾间都有脚蹼，这让它成为鸟类中的游泳健将，它也因此在水中获取到了更美味的食物。当然，这样的本领在海鸟中并不稀奇，但让人感到稀奇的是鹈鹕的嘴，它的嘴长得实在是有些奇怪。鹈鹕的下嘴壳居然长了一个与皮肤连接着的喉囊，看起来就像一个超大的口袋，与它的身体不成比例。然而，千万不要小瞧这个"口袋"，对于鹈鹕来说，它的用处可大着呢。

预备，跳！

　　鹈鹕属于鸟类中体形比较大的种类，对于鸟类们来说，过于庞大的身体可能不利于飞行，然而鹈鹕对飞行这方面似乎并没有什么烦恼，能飞起来时就缓缓地起飞，不能顺利起飞就随遇而安地漂浮在水面上。当然，鹈鹕们大多数情况下都可以顺利飞起来，毕竟飞得高看得远，它们能利用自己锐利的眼睛观察水面并寻找食物。当发现放松警惕的小鱼时，它就会将翅膀向后收，然后跳入水中捕猎食物。

尾巴先出水

鹈鹕的大嘴使它本身就有些头重脚轻，这种情况在捕食后更加严重了，因为此时它的喉囊里装满了鱼和水。为了不让自己溺死在水里，它只好先将自己的尾部露出水面，然后是身体，最后再将头部拉出水面。这样还不够，它还得将嘴里的水挤出来，因为相对食物来说，水要重得多。

到爸爸妈妈嘴里取食

鹈鹕夫妻非常恩爱，它们会共同孵卵、照顾鹈鹕宝宝。鹈鹕宝宝小的时候，鹈鹕妈妈和鹈鹕爸爸会将自己半消化的食物吐出来给它吃。等鹈鹕宝宝长大一些，它的爸爸妈妈就会在捕食回来后张开大嘴，让它在自己的喉囊中取食，直到它成长到能够独立寻找食物。

鹈鹕嘴对嘴喂宝宝

张开嘴捕食

鹈鹕喜欢群居生活，当发现大批的鱼群时，聪明的它们会变换不同的队形对鱼群进行围剿，当惊慌的鱼群被追赶到浅水区域的时候，鹈鹕们就会张开大嘴将它们吞入。这时，你就会发现鹈鹕的喉囊让它们的捕食过程变得简单了许多。它们只要连鱼带水一起吞入喉囊，然后再收缩喉囊吐出水就可以了。

鹈鹕进食

鸬鹚

    鸬鹚和鹈鹕是近亲，都是具有全蹼的鸟。优越的身体条件让鸬鹚不仅能在天空中自由地飞翔，还能深潜入水下快乐地觅食。值得注意的是，畅快淋漓的潜水活动会让鸬鹚从头到尾湿透，这时的它是无法起飞的，如果想要飞起来它必须张开双翅将自己完全晾干。另外，也有个别种类的鸬鹚在进化中渐渐失去了飞行的能力，只能在水中或陆地上生活。

会划水的翅膀

　　鸬鹚主要以鱼类为食，因此它练就了一身优秀的潜水本领，最令人惊叹的是，它的翅膀不仅可以用来飞翔，在水中的时候甚至可以帮助它划水。鸬鹚游泳的时候主要还是靠脚蹼，但有时它也会用翅膀辅助脚蹼划水，加快自己的速度。鸬鹚捕鱼的时候常常把头探入水里，神不知鬼不觉地游到猎物附近，伸出尖嘴一击即中。另外，鸬鹚的听觉十分敏锐，在能见度非常低的水域，敏锐的听觉能帮助它准确地确定猎物的方位。

鸬鹚潜水

弱翅鸬鹚

不会飞的鸬鹚

　　鸬鹚里有一个特殊的品种，它擅长游泳潜水，也拥有鸟类标志性的翅膀，但是却丧失了飞行的能力，它就是弱翅鸬鹚。

　　弱翅鸬鹚的祖先曾经也是飞行能手，只是当它来到加拉帕戈斯群岛生活后，发现这里食物丰富，不需要耗费多少精力就能吃得饱饱的，这样安逸的日子让它的翅膀逐渐退化变小，再也飞不起来了。但是与之相对应的是，它的腿脚发育得强壮有力，在水中能轻松地追上小鱼、章鱼等动物。

企鹅

  企鹅是一种打破人类固定思维的鸟类。是的，企鹅是鸟，而且是不会飞的鸟。我们常常用"南极企鹅"来概括所有的企鹅，然而事实上企鹅并不只是分布在南极，南半球的其他地区也有分布。企鹅是优秀的游泳选手，它能潜入水下快速而优雅地游动。可一旦回到陆地上，它行走的速度就慢了下来，并且摇摇晃晃的，憨态可掬，十分可爱。

  企鹅的眼角膜平坦，因此它在水面和水下都可以看见东西，它看到的影像可以通过双眼传递给大脑形成望远镜，最终产生望远作用。企鹅身体外层的羽毛非常浓密，并且重叠成鳞片状。有了这层"铠甲"，海水就无法浸透它的身体。企鹅身体里层则长着细密柔软的绒毛，能起到很好的保暖效果，即便是零下几十摄氏度它也毫不畏惧。但是企鹅宝宝是个例外，它的绒毛并不防水，因此不能下水。

企鹅羽毛

辛苦抚养后代

　　繁殖期让企鹅夫妻变得十分繁忙和辛苦。生蛋需要经过一个多月的时间，这让企鹅妈妈的身体非常虚弱，且疲惫不堪，因此它急需去海里饱餐一顿恢复体力，这时企鹅爸爸就会贴心地承担起孵蛋的重任，等企鹅妈妈吃饱喝足回来，再换企鹅爸爸出去觅食。它们就这样轮流照看小企鹅，等小企鹅破壳而出后，企鹅爸爸和企鹅妈妈还要重复这样的觅食过程，共同抚养企鹅宝宝。然而，觅食的过程危险重重，企鹅爸爸或企鹅妈妈很可能一去就再也回不来了。

　　大多数的企鹅孵卵都是由夫妻共同完成的，但是帝企鹅是个例外。帝企鹅每次只产一枚卵，企鹅妈妈在产卵之后，交给企鹅爸爸孵化，自己则跋山涉水去海洋里觅食。企鹅爸爸非常爱自己的宝宝，它把蛋放在自己的脚上，用大肚皮遮盖住，低着头站得笔直，不吃不喝专心孵蛋，这一站就是60多天。直到企鹅宝宝破壳，外出回来的企鹅妈妈给企鹅宝宝喂食，企鹅爸爸才出去觅食。

企鹅孵蛋

企鹅出行妙招

　　冰雪路面又冷又滑，企鹅在上面走得左摇右晃，如果发生一些比较要紧的事情，或者需要远距离行走，光靠两只脚奔跑不仅速度不够快，还非常累。为了加快自己的步伐，企鹅想出了一个绝妙的主意，它有时会经过一段路程的助跑，然后腹部着地趴在地上，像雪橇一样向前滑行，让自己的出行更省时省力。

贼鸥

看贼鸥的体形，虽然不算巨大，靠日常捕猎食物就能满足需求了，但是它却不这样认为，下海捕鱼，那多麻烦啊。听名字就能猜到，贼鸥可不是什么善良的动物，甚至非常惹人厌，它所在区域的小动物们都对它十分忌惮。

义务清洁工

越冬时节食物比较匮乏，贼鸥没有巢穴栖身，也不想飞到远一些的地方寻找食物。好在它对食物并不挑剔，因此它们可以吃鱼虾，可以吃鸟蛋，可以吃动物的尸体，甚至还可以吃动物的粪便和人类丢弃的垃圾。这在一定程度上起到了清洁海滩的作用，人们因此称之为"义务清洁工"。

贼鸥进食

飞在空中的惯偷

贼鸥的羽毛洁净，眼睛又圆又亮，看上去神采奕奕。然而它空有一副看似正直的皮囊，却是臭名昭著的"空中强盗"。因为它们不但抢夺其他鸟类的食物，甚至连人家的蛋和雏鸟也不放过。贼鸥的视力很好，即便在空中盘旋，它也能及时发现各种突发状况，如果这时其他鸟类中有大鸟外出觅食，它就会偷偷摸到该鸟的鸟巢中，把蛋或雏鸟吃掉。

筑巢？那多麻烦

贼鸥的懒在动物界赫赫有名，它觉得自己筑巢又累又麻烦，反正别的鸟的巢又柔软又舒服，索性就抢来自己住了。要是对方的鸟蛋和雏鸟恰好还在巢里，它就毫不犹豫地饱餐一顿，然后明目张胆地栖息在里面。贼鸥很识时务，如果鸟巢的主人软弱可欺，它就毫不留情地将主人赶走；如果鸟巢的主人十分凶猛，它就灰溜溜地逃跑。

贼鸥偷别的鸟的鸟巢和鸟蛋

企鹅的死对头

海豹和贼鸥是企鹅的两大天敌，虽然弱肉强食一直是自然界的生存法则，然而与海豹相比，贼鸥做的事就太过分了。贼鸥自觉自己不是成年企鹅的对手，于是就朝企鹅蛋和未成年的小企鹅下手。它趁成年企鹅不注意，将企鹅蛋和小企鹅一股脑儿吃个干净。这种破坏企鹅繁衍的行为直接导致小企鹅出生率和存活率降低，是导致企鹅数量减少的一个重要因素。

贼鸥袭击小企鹅

军舰鸟

全世界已发现的军舰鸟共有5种，包括大军舰鸟、小军舰鸟、白腹军舰鸟、白斑军舰鸟和丽色军舰鸟。大自然中有一个奇特的现象：很多动物长得美丽显眼的都是雄性，雌性反而不太起眼。军舰鸟也是如此，雄性军舰鸟因其鲜红色的喉囊而非常具有辨识度，它体形较大，通体黑色，羽毛带有华丽的金属光泽。反观雌性军舰鸟就朴素得多，它的胸腹部为白色，羽毛也没有什么光泽。

千万不能下水

水对于军舰鸟来说就是一个魔咒，它虽然需要盘旋在水面上寻找食物，但是却万万不能潜入水下，因为军舰鸟不能分泌将羽毛与水隔离的油脂，并且腿脚纤细没有脚蹼，一旦落水，基本上就是有去无回。

筑巢产卵

结为夫妻的军舰鸟开始准备筑巢产卵，它们分工明确，雌鸟负责寻找树枝，雄鸟则负责搭建鸟巢。但是军舰鸟喜欢集群生活，筑巢用的树枝明显供不应求，它们也常常会因为一根树枝而大打出手。有了自己的房子后，雌鸟就安顿下来产卵了，这时雄鸟不但要负责寻找食物，同时还要帮助雌鸟孵卵。小军舰鸟要靠父母照顾一年左右才能独自生活，这期间军舰鸟非常忙碌，它们不但要寻找食物，而且要防止外敌侵犯，甚至还要时刻警惕同类吃掉自己的宝宝。

海上的强盗

军舰鸟也被称作"强盗鸟"。其身体构造不适合潜入水中捕食，因此它只能吃一些在水面上发现的鱼虾贝类。水面上的食物毕竟不多，于是军舰鸟会骚扰已经捕捉到食物的其他鸟类，抢夺它们的食物。

独特的"气球"

雄性军舰鸟的喉囊在平时都是皱缩着的，这种状态一直持续到繁殖期，直到有一天它终于遇到了心仪的雌军舰鸟。雌鸟吸引了很多雄鸟的目光，为了能得到雌鸟的青睐，雄鸟便会使出浑身解数以求将其他同类比下去。它们不停地发出各种声音，做出各种动作，最重要的是大口吸气，让自己的喉囊膨胀到最大。这是求偶中最行之有效的方法，膨胀的喉囊在雌鸟看来非常迷人，因此喉囊又大又红的雄鸟最容易赢得雌鸟的芳心。

水母

水母是海洋中十分常见的浮游动物，它的身体结构非常简单，像透明而美丽的降落伞漂流在海洋中。不少品种的水母颜色鲜艳或带有美丽的花纹，作为自然界中的生物，鲜艳的颜色大多是一种警示，它们往往带有一定的毒性，并以此告诫其他生物不要轻易靠近。

构成水母身体的主要部分是水，它有内外两个胚层，两个胚层中间生有很厚的中胶层，能起到漂浮的作用。水母身体伞状的部分被称作"钟罩"，内部的中央腔相当于它的内脏器官。流苏一样的触手上遍布含有毒素的刺细胞，能帮助它麻痹、捕捉猎物，另外这些触手还是它的消化器官。

钟罩
食道
肌肉组织
退化的单眼
触须
刺喉手臂
表皮
生殖腺
肠
胃皮
口

水母的身体构造示意图

水母怎样运动?

水母的运动方式非常有趣,有时它并不太想运动,就随着洋流随意漂浮;有时它非常确定自己的目的地,这时它就会伸展自己的钟罩吸入足够多的水,然后再慢慢收缩钟罩,将水排出体外。排水时会产生一股推力,水母就借着这股推力向相反的方向前进。另外,如果水母想要改变方向,只要借助自己的触须就能完成了。

伸展钟罩

水

收缩钟罩

水母的运动过程

应对风暴有妙招

水母是有"耳朵"的,它的耳朵就是位于触手中间细柄上的听石。千万不要小瞧这粒小小的听石,它能接收到海浪和空气摩擦的次声波,这让它能预知到十几个小时后即将到来的风暴。水母的体内有一种能产生一氧化碳的腺体,能使它的"小伞"膨胀起来。当风暴快来临的时候,水母会放掉体内的气体,沉入海底;等风暴过去后,它再为自己充气漂浮起来。

野村水母

野村水母

野村水母是世界上现存的体形最大的水母,虽然它的毒性并不那么剧烈,但却在其他方面为人类带来了困扰。野村水母的大量繁殖和活动让渔民十分头痛,它不仅吃掉大部分渔网里新捕捞的鱼,还会在撕扯中破坏掉渔网,给渔民带来很大的经济损失。

野村水母的繁殖能力惊人,即便被杀死抛回海中,它也能立即排出精子和卵子受精繁殖。

水母杀手

澳大利亚箱形水母是水母中心狠手辣的杀手,它触须上的刺细胞中储存着剧毒的毒液,短时间内就可以致人死亡。无意的轻触就足以让澳大利亚箱形水母发动攻击了,有时它甚至还会主动攻击人类,十分可怕。

澳大利亚箱形水母

珊瑚

在美丽的海底世界中，珊瑚就是小鱼们的乐土，华美的珊瑚和五彩缤纷的小鱼相映成趣，构成了一幅梦幻般的画面。珊瑚最早出现在约5.4亿年前，是非常古老的动物，因其绚丽的色彩和富有艺术感的造型成为非常珍贵、稀有的艺术品，有很高的收藏价值。

多样的繁殖方式

珊瑚的繁殖能力非常强，遗传具有多样性且繁殖时不会伤害母体。珊瑚隔膜上长有生殖腺，能产生精子和卵子，与其他珊瑚的精子和卵子结合成受精卵后，通过口排入海中。刚孵化的珊瑚幼虫是可以四处游动的，一段时间后，它附着在固体表面生长发育。珊瑚具有很强的再生能力，掉落的部分可以与其他珊瑚形成新的族群，还可以通过"发芽"的方式繁殖。

受精　胚胎　深海浮浪幼体　选择固体　精子和卵子　附着固体　成体　片段繁殖体　少年

珊瑚的繁殖

世代累积

珊瑚多呈树枝状，然而这样在人类看来一目了然的形态，却是珊瑚虫经过几百年甚至千万年的累积而形成的。当珊瑚虫还是一只白色的小幼虫的时候，就已经固定在祖先的骨骼上了，它的子孙也会坚持不懈地堆积，珊瑚最终变成了人们如今看到的样子。即便已经足够美丽，但是孜孜不倦的珊瑚虫子孙们仍会继续追随着自己的先辈，将它们的"事业"坚持下去。

脑珊瑚

气泡珊瑚

珊瑚的养料

在珊瑚的内部，生长着一种神奇的微小生物体——虫黄藻。这些小家伙能通过阳光的照射来中和溶解海水里的二氧化碳，从而生成糖分来维持自己的生存。因为珊瑚的主要食物来源都依靠虫黄藻的溶解过程，所以珊瑚礁基本只长在清洁、水浅以及阳光能照射到的海水中。

珊瑚虫和虫黄藻是共生关系

当海水温度升高或污染时，共生关系就会变得紧张，虫黄藻就会离开

没有了虫黄藻，珊瑚失去了食物来源和艳丽的色彩

虫黄藻

白化珊瑚

因为全球变暖，海水温度升高，生活在珊瑚里的虫黄藻被高温大量杀死。没有了虫黄藻的帮忙，缤纷多彩的珊瑚无法转化、吸收养分，它们开始脱色，变成了苍白、病态的"白化珊瑚"，慢慢走向死亡。

珊瑚的种类

我们常见的珊瑚可以分为软珊瑚和硬珊瑚两大类。硬珊瑚的内骨骼富含石灰质，是巨大珊瑚礁的组成部分。软珊瑚看起来柔弱无骨，但事实上它们也具有内骨骼，只是它们的内骨骼非常柔韧，这让它们看上去甚至比随风摇曳的花朵还要姿态迷人。

红珊瑚

海葵

植物的出现为荒芜的大陆带来生机，绽放的花儿则让世界变得更加多彩美丽。对于幽暗的海洋来说，海葵就是让它变得多彩绚丽的花朵，虽然这样美丽的花朵并非植物，而是一种腔肠动物。外表美丽的海葵非常具有欺骗性，它看起来软弱可欺，实际上却是心狠手辣的捕猎者。

简单的感觉

海葵的感觉非常简单原始，它的每一条触手在进行过实际的接触探索之后，都能对环境做出准确的判断，甚至能准确地区分自己触手上抓着的物品是否能吃掉。但是有趣的是，这样的信息却不能传输到其他触手那里，于是我们有可能会看到这样的现象：海葵的一条触手会拿起不能食用的物品，判断一阵子后放回去，其他一无所知的触手会重复这个拿起再放下的动作。

海葵和小丑鱼是好朋友，它们可以互惠共生。

海葵也会打架

大部分的海葵都喜欢独自生活，但它们之间也会因为争夺地盘而发生肢体冲突。如果双方属于同一个繁殖体系，它们很容易就会相认然后握手言和。如果双方不属于同一个繁殖体系，它们会在碰触对方的触手后，展开一场激烈的厮杀，并伺机用毒刺互相攻击，直到其中一方被打败。失败的海葵会逃跑寻找藏身所避难，实在没有办法还会浮起身体，任由海水把自己冲走。

两个海葵打架

海葵会移动吗？

海葵喜欢搭寄居蟹的"顺风车"四处溜达，除此之外海葵会不会移动呢？一般情况下，海葵都是固定在一个地方生活的，但有时它会懒洋洋地活动活动筋骨，它可以慢慢地向前滑行，也可以靠触手支撑着翻滚移动，还可以做短距离的游泳锻炼。

海葵的移动

有用的触手

海葵口的周围长着一些触手，根据品种不同，触手的数量也有所不同，少则十几条，多则能达到上千条。它们像花瓣一样轻轻摇曳，非常美丽。海葵触手上遍布有毒刺丝的细胞，当碰巧有猎物送上门来的时候，它就发射刺丝麻醉猎物，然后用触手送入口中。

未排出毒的刺　　排出毒的刺

海葵触手的毒刺

多样的颜色

海葵的颜色很丰富，这和与它们共生的藻类有关。这些共生藻不仅能为它供给养料，还能让它更加多姿多彩。

海笔

海笔是一种非常美丽的珊瑚纲动物，喜欢生活在温暖海域的沙质、土质底层。海笔与许多它的近亲一样，虽然是动物，看起来却与动物没有相似之处。海笔长得几乎与古老的蘸水羽毛笔一模一样，它因此得名。

海笔的身体构造

在海底摇曳的海笔喜欢独自生活，但是在显微镜下观察就会发现，海笔的上部是由千千万万的水螅虫群居组成的，它们形成了海笔羽毛状的羽枝。大多数的海笔都呈羽毛片状，但也有一些呈网状的圆柱体。海水流经过后，海笔喜欢的有机物质就会被它留下并消化掉。

耀眼的强光

鉴于只能固定生活，海笔进化出了足以自保的本领——发出耀眼的强光。它的体内有复杂的"电池"，能帮助它发光。这种光让不怀好意的敌人头晕目眩，一分神就被海浪冲走了。

由水螅虫组成的海笔

发光的海笔

另类的生活环境

多数的海洋生物都喜欢生活在水流平缓的海域，那里生活相对安逸，食物也非常充足。但是海笔却非常另类，它更喜欢水流强大的地方，因为能把身体固定在泥沙中，它丝毫不用担心被激流卷走，而强大的水流带来的浮游生物让它足以维持生存。

海笔的躯体由可以膨胀和收缩的钙质针骨组成。海笔的身体整体呈轴对称，关于主干对称的两侧长着毛茸茸的羽枝。海笔的中央茎呈圆柱形，中央茎的下部深入泥沙中，将海笔的身体牢牢固定住，即使海浪激荡也不会将它连根拔起。

海笔被海浪冲击

海绵

海绵是我们生活中常见的东西，它质地柔软，吸水性特别好，因此用途非常广泛。但是你知道吗？这个海绵与海洋里的天然海绵可不是同一种东西，我们常用的海绵是仿照天然海绵的特性制造出来的，甚至连名字都是"借用"的。天然海绵也不是植物，而是一种颜色缤纷且富有生命活力的动物。

偕老同穴

海绵很喜欢和其他生物共生，其中最特别的要属一种成对生活的小虾了。这对小虾在很小的时候就进入海绵的体内了，等它们长大以后却因为个头变大而无法离开，只能在海绵的身体里度过一生直到死去。海绵很照顾这对小家伙，为它们提供养料，让它们不用为生计发愁。知恩图报的小虾们也会为海绵清理身体内部的脏东西，让海绵保持清洁和健康。

海绵和小虾

天然滤水器

海绵的表面长了很多扁平的大孔，这些大孔的周围长着数以亿计的小孔，海水从小孔进入，流经全身再从大孔排出。在这个过程中，海水中的细小有机物和氧气会被海绵过滤吸收，同时，它产生的废物也随着海水排出。海绵的过滤功能在为自己带来食物和能量供给的同时，也使周围水域的水质变得清洁。

再生术

海绵家族的体系十分庞大，除了与正常的生殖有关外，还离不开它异常强大的再生能力。如果把海绵撕碎扔回海里，过一段时间就会发现每一片碎片都奇迹般地长成了一只独立的海绵。这看起来似乎与海星一类的棘皮动物一样。科学家们把黄海绵和橘红海绵彻底捣碎，并把它们的细胞悬液混合在一起。一段时间后，令人难以置信的一幕出现了：两种海绵的细胞按照各自的品种聚合在一起，重新进行排列，变成全新的黄海绵和橘红海绵。这样超强的再生术让其他生物望尘莫及。

① 完整的海绵
② 遭破坏，成为碎片
③ 碎片更小
④ 细胞集群
⑤ 大量聚合
⑥ 形成海绵
⑦ 重新长大

海绵的再生术

简单的身体构造

海绵虽然是多细胞动物，但是身体构造却异常简单，它没有头，没有躯干，没有尾巴，没有内脏，更没有神经和器官。海绵的身体只是由内外两层细胞组成，这些细胞因为机能和构造不同而互相区别开来。海绵也因此不具备行动的能力，它只能选择物体固定在上面或者随着水流四处漂泊。

排水孔
中脉
孔细胞
水流
针状体
海绵腔
环细胞
变形细胞
表皮

海绵的身体构造示意图

海鞘

海鞘是动物长得像植物的典型，目前人类已知的海鞘品种已经达到了1200多种，每一种海鞘都有自己独特的颜色和形状，它们有的像蔬菜，有的像水果，还有的像花朵……姿态各异，个性十足。海鞘的分布范围非常广，从温带到寒带，从浅水区到深海底，几乎都能见到它们摇曳的身影。

有趣的繁殖方式

海鞘是雌雄同体动物，但因为条件限制不会自体受精。一般来说，它们的繁殖也需要经过精子和卵子结合，变成受精卵孵化这样的繁殖过程。但不同的是，有的海鞘还可以通过发芽的方式繁殖。它们身上会长出一个芽体，这个芽体慢慢长大，然后脱离母体变成一个全新的个体固着生活。

受精　胚胎

精子卵子

芽

浮游幼虫

幼虫

新海鞘

海鞘的繁殖

简单的身体结构

海鞘的身体结构非常简单，它们中的大多数都长有两个孔，进水孔用来吸水，出水孔用来排水。海鞘的咽喉叫围鳃腔，中间有网状的鳃孔。它们进食的时候，海水通过进水孔吸入，流经围鳃腔到达鳃孔，鳃孔会将有用的食物颗粒留下，把没有利用价值的海水通过出水孔排出体外。

海鞘的身体构造

逆行变态

很长一段时期里，海鞘都被归类为无脊椎动物，直到19世纪，科学家在研究了海鞘的胚胎后才确定，它们其实是一种低等的脊索动物，只是它们的发育方式有些特别。当海鞘还是个宝宝的时候，长得与蝌蚪十分相似，这时，它们的尾部有脊索，并具备神经管。但是这种自由活动的状态持续的时间极短，它们很快就会沉入水底固着在其他物体上。这时它们开始了一系列逆行变态：如脊索消失，神经管退化成神经节等。

海鞘的逆行变态

开管式血液循环

海鞘有着独特的开管式血液循环系统，它的血管并没有动脉和静脉之分。海鞘的血液可以每隔几分钟更改一次血液流向，真正实现了血液的双向流动。

圣诞树蠕虫

在热带海洋静谧的海底，有许许多多的小"圣诞树"，它们小巧玲珑，五彩斑斓，十分可爱。事实上，它们是环节动物门多毛纲的动物，因为长得像迷你的圣诞树，被人称"圣诞树蠕虫"。

海洋中的"含羞草"

圣诞树蠕虫就像生活在海洋中的"含羞草"，它生性敏感，一点点风吹草动都能吓到它，甚至看到自己的影子也能吓一跳。圣诞树蠕虫有一种类似含羞草一样的防御机制，当受到碰触时，它会以超乎想象的速度缩回自己的洞穴中，直到确认安全后，它才会慢慢舒展身体出来。

收缩

多功能的"羽毛"

虽然圣诞树蠕虫个头儿不大，却因为形状和多彩的"羽毛"非常显眼。这种羽毛状的螺旋并不是为了美观和展示自己，这是一种高度进化的口前叶触须，上面遍布羽毛状的辐棘，可以帮助圣诞树蠕虫捕食，还可以用来呼吸，因此辐棘也被称为圣诞树蠕虫的鳃。圣诞树蠕虫是完全滤食性动物，小颗粒的食物只要触及它辐棘上的纤毛就会被牢牢抓住送进嘴里。

成双成对的"树"

圣诞树蠕虫的"树冠"呈螺旋状向上生长，我们常常能看到并排生长的两棵"圣诞树"，但这两棵"树"其实属于同一只圣诞树蠕虫。圣诞树蠕虫整体个头儿不大，仔细观察就会发现，它的"冠"上密布着许多颜色各异的"羽毛"。千万不要小瞧这些"羽毛"，它们可是"圣诞树蠕虫"重要的器官呢。

住在珊瑚里

想要发现圣诞树蠕虫的踪迹，到珊瑚丛寻找成功概率会大一些。因为它们非常喜欢与珊瑚生活在一起，并且依赖珊瑚安家落户。它们会在珊瑚上钻一个小洞，将自己嵌在里面，然后不断分泌钙质形成一根管子作为自己藏身的住所。大多数情况下，它们的入住并不会对珊瑚造成伤害。

第二章
丰富的海洋
植物世界

红树林

生长在热带、亚热带海岸潮间带的红树林，素有"海上森林"的美誉。它时而是一道道绿色长城，顽强抵御强风和海浪对海堤的侵袭；时而化身为养料宝库，为万千海洋生物供给食物；时而充当温馨又充满爱的庇护所，让活泼好动的海洋精灵们栖息玩耍。

排盐功能

尽管一直生长在海水中，红树植物却一点也不怕涝，因为它们的叶片拥有特异功能——排出盐分。而且，红树植物具有明显的"耐旱"特点。肥厚的叶子、叶面上下陷的气孔等，都可以很大程度地减少水分蒸发。

胎生

因为长期生长在高度缺氧且高盐度的环境中，一般的种子难以发芽。于是，红树植物拥有了令人惊讶的"胎生"的繁殖方式。在长成小树苗前，这些种子会一直依附母体生活。

红树植物的种子下端很尖，这方便它们脱落时顺利插到树下的软泥中。如果落地成功，几个小时后，这些树苗就能长出侧根，牢牢固着在滩涂上，拥有自己的一片小天地。如果着陆失败，它们就会随水漂流2～3个月，直到在合适的滩涂"安家落户"为止。

强大的根

红树植物之所以有这么强的生命力，很大一部分因素是那错综复杂的根系。数十条支柱根和板状根像脚架的柱子一样支撑着"身体"，而露出水面的呼吸根则使它们能进行正常的呼吸活动。

动物之家

红树林已经形成了一个完整的生态系统和食物链。在这个动物乐园里，每个动物都有属于自己的生活方式。

长鼻猴

有些地区红树林的树冠层还生活着长鼻猴。它聪明机智，经常趁退潮时跑到泥地上搜寻招潮蟹和弹涂鱼。不过，危险总是无处不在。偶尔，长鼻猴也会变成湾鳄等更强大的捕食者的腹中餐。

极速闪电侠

翠鸟被亲切地称为红树林里的"原住民"。它平时看起来非常好静，喜欢一动不动地端坐在树枝上。可是，一旦水中有鱼儿现身，翠鸟就会犹如一道闪电迅速将猎物生擒。为了避免进食时猎物动来动去耗费时间，它一般会想办法将猎物摔晕。

盾牌勇士

招潮蟹是红树林中十分常见的动物之一。退潮时，雄蟹会像拿着盾牌的勇士一样，挥舞着大螯，跑到淤泥中左翻翻、右挖挖，寻找可以果腹的食物。

攀爬高手

茂密的红树林中，时常有弹涂鱼出没。这种小家伙是鱼类中的攀爬天才，可以利用腹鳍、胸鳍攀树。最特别的是，它还能长时间离水生存。

庞大的树种家族

红树林家族里大约有80种"成员"，它们或结伴而生，混居在一起；或各自为政，独自发展成一大片密林。依据生长特性以及分布特点，人们将红树林植物分为真红树植物、半红树植物和伴生植物三类。

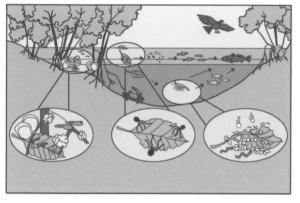

红树林生态系统结构示意图

真红树植物

真红树植物指的是那些只能在潮间带生长繁殖的树种，它们大都具有为适应环境而演化出的气生根及胎生现象等。

水椰果实

红树

树形奇特的红树驻扎在中潮带滩涂，耐盐能力极强，被视为热带海滩护岸、防潮以及绿化的较好树种之一。

白骨壤

白骨壤的生命力极其顽强，即使在极为恶劣的条件下，它们也能扎根。

角果木

多生长在中高潮带滩涂的角果木是较耐盐的红树植物之一。不过，因为缺少能支撑的支柱根，这种红树植物对海水和风浪的抵抗力不强。

水椰

在一些咸水淡水相交的河口以及河滩地区，常能看到水椰的身影，它们常形成纯林具有超强的抗风能力。

半红树植物

半红树植物是一种两栖植物，既能在潮间带、海滩生存，又能在陆地环境中繁殖，生命力非常旺盛。

伴生植物

伴生植物偶尔出现在红树林的"队伍"中，有时会被高潮浸淹到。它们一般生长在红树林的边缘或内缘，通常被认为是红树林的非典型树种。

银叶树

银叶树树形美观，有夸张的板状根，多分布在高潮线附近的潮滩内缘。

水芫花

水芫花矮矮的，却是十分稀有的植物，一般只生长在高潮线附近的珊瑚礁、石灰岩缝隙。

木麻黄

木麻黄是红树林的合作伙伴，它经常与红树林一起抵御强风的冲击。

马鞍藤

马鞍藤是典型的海岸植物，从高潮线附近一直到潮上地带都有分布。这种叶子形似马鞍、花朵如同喇叭的漂亮植物可以在泥质土壤中生长，它们经常像头兵一样出现在红树林的内缘。

海洋藻类

广袤而深邃的海洋里，生长着种类繁多、千姿百态的海洋植物。低等的海洋藻类植物是其中最庞大的一族，多达8000种。它们大小相差悬殊，有的以微米计量，有的却能长到二三百米。尽管模样各异，但它们都是海洋生态系统中不可缺少的组成部分，更是海洋赐予人类的宝贵财富。

不同的生活方式

在漫长的演化过程中，海洋藻类为了适应环境变化形成了各种生态类群。人们根据其特点，将它们分为浮游藻类、底栖藻类和漂浮藻类三大类。

夜光藻

角藻

海带

马尾藻

浮游藻类

浮游藻类的个体非常微小，用肉眼很难看清它们的结构。但是，它们却是浩瀚海洋中最不能忽视的一个群体，因为这个大家庭是海洋初级生产力的重要组成部分，维系着很多海洋动物的生活。它们有"海洋牧草"的美誉。

底栖藻类

一些底栖藻类喜欢固着在岩石、沉船以及绳索等物体上。它们那灵活的主干和叶状藻体随着水流摇曳生姿。有些藻类还配备了可以充气的浮囊，以便尽可能地靠近水面，吸收阳光。

漂浮藻类

漂浮藻类是一个特殊的群体，它们能漂浮在海上，也能在急流中生活和繁殖。

简单的构造

　　海洋藻类基本没有根、茎、叶的区别，看起来就是一个简单的叶状体。它们中的一些成员体内除了含有叶绿素外，还含有辅助色素，因此呈现出不同的颜色。

光合作用

　　海洋藻类是低等自养型植物，身体的各个部分都能吸收阳光和周围的养料，利用光能将水和二氧化碳转化成糖类，促进自己生长，同时释放大量氧气。

水 + 二氧化碳　　　　　氧气

糖

海洋藻类的光合作用

维管束结构

　　维管束结构存在于植物的茎、叶等器官里，是蕨类植物、被子植物、裸子植物等植物的维管组织。虽然海带等藻类有近似根、茎、叶的分化，但因为不具备维管束结构，所以它们没有真正的根、茎、叶。

叶片

柄

固着器

褐藻

　　褐藻是藻类家族中一个相对高级的群体，所有成员都是多细胞体，绝大部分生长在广阔的海洋里。在低潮带或低潮线以下的岩石上，我们时常能发现它们的身影。

巨藻

　　巨藻的生长速度很快，每天可以生长60多厘米，能长到300米长。而且，它的寿命可达12年。所以，人们称它为"海藻王"。在一些水质清澈的海域，巨藻形成了壮观的海底森林，吸引了上百种海洋动物前来觅食、栖息。

　　巨藻有一个如同船锚的爪子状结构，这是它牢牢固着在海床上的秘密武器。但这个结构不具备吸收营养物质的功能。

固着器——

鲍鱼

　　看似不具杀伤力的鲍鱼其实是巨藻的敌人，因为它会蚕食巨藻的"根"部，让它们彻底失去支撑。

美丽的突额隆头鱼

巨藻林是海蜗牛的乐土。只要它们顺利寄居在此，丰富的巨藻叶片就成了这些小家伙享之不尽的美食。

巨藻林最可怕的天敌是海胆。这群贪婪的家伙食欲旺盛，能让茂盛的巨藻林变成一片荒原。

巨藻林周围生活着很多恪尽职守的侍卫——海獭。它对海胆情有独钟，经常会跑到水下捕猎，把海胆带回水面放到肚子上，然后用石块敲开那长满棘刺的外壳品尝美味的海胆黄。

为了防止自己被水流冲走，聪明的海獭会用海藻将自己缠绕住。

裙带菜

裙带菜外表酷似鸟类的羽毛，多分布在暖温带海域，尤其在风浪较大的低潮线以及附近的岩石、石沼中比较常见。

海蜗牛是为数不多的敢吃墨角藻的动物之一，不过它从不贪食，不然过量的毒素会让海蜗牛失去性命。

墨角藻

为了适应复杂的环境，生长在海岸岩石上的墨角藻练就了一身本领。当潮水退去，它们体内会分泌出一种黏液，保持自身湿润；当潮水上涨，那特别的"皮肤"则能帮助它们抵御风浪的侵袭。此外，墨角藻还能分泌毒素。这让很多饥肠辘辘的海洋动物无可奈何。

海蛞蝓

显鲉

海带

海带多生长在低温海底的岩石上，身体柔软得就像一条褐色的带子。当海流缓缓经过时，它们便会跳起欢迎的舞蹈。自然生长的海带，可长到2～3米长、15～20厘米宽。而温差、光照等原因导致海带的成熟期也有先有后。

团扇藻

畅游在热带、亚热带海洋中，我们时常能发现一种类似小扇子的植物，这就是团扇藻。它们一簇簇的，静静地生长在海底。

绳藻

绳藻既没有艳丽的外表，又没有茂盛的"枝叶"，远远看去犹如一根根笔直的绳子插在水中。

红藻

红藻是拥有光辉历史的古老生物，早在14亿年前就出现了。发展到现在，这个大家庭的成员已经多达3700种，其中约有3500种生长在世界各地的海洋里。

天敌

色彩亮丽的鹦鹉鱼是珊瑚藻的夺命杀手。它们那如闸刀一般的牙齿可以轻易咬断粗硬的珊瑚藻。成片的珊瑚藻时常被这些家伙一扫而光。

珊瑚藻

在岩石或珊瑚礁上有一些美丽的"石头花"。它们一簇一簇的，无声无息地绽放，点缀着海底世界。这些"石头花"看似像珊瑚，却含有植物才有的叶绿素，是植物家族中红藻大军的一员。它们就是珊瑚藻。

剃刀鱼拥有巧妙的变色本领，经常在珊瑚藻周围出没。

海索面

与其他红藻类"伙伴"相比，海索面的模样着实有些特别。紫红的体色，圆柱形的"身躯"，柔软黏滑的质地让它们看起来像极了口感极佳的彩色面条。而且，海索面没有或只有少量分枝。它们多生长在海水汹涌的中潮带岩石上。

海索面不会一直保持紫红色，"年老"以后，它们原本漂亮的藻枝就会变得发黄发暗。

石花菜

徜徉在绮丽的海底世界，人们偶尔能在礁石上发现一大片颜色艳丽的植物——石花菜。石花菜是多年生藻类，一般能长到10～20厘米。它们通体透明，长着很多小树枝一样的分枝，摸上去有果冻般的触感。

多管藻

多管藻遍布世界各地的沿海地带，平时多生长在低潮带岩石或一些大型藻类身上。这种红藻有很多羽毛状的细小分枝，看上去毛茸茸的。

紫菜

紫菜在红藻中的知名度最高，是人人皆知的海洋植物明星。它们生长在浅海岩石上，日日与海水相伴。尽管自然生长的紫菜在南北半球都有分布，但因为需求量巨大，现在的紫菜多是人工养殖的。

海门冬

海门冬是红藻中"优雅"的典范。它羽毛状的分枝层层叠叠，多个藻体簇拥在一起，宛若轻柔羽毛组成的工艺扫帚。

生长在珊瑚藻丛中的宝石海葵

绿藻

与其他藻类相比，绿藻的"个头儿"明显小了很多。不过，绿藻却是一个庞大的家族，成员多达6000种。它们多生长在淡水环境中，只有一少部分生活在无边无际的海洋里。

伞藻

伞藻是一种模样精致的单细胞绿藻，分为"帽"、柄以及假根三部分，远远看去好似舞动的小伞，漂亮极了。伞藻多隐身在热带和亚热带海水中，一般情况下，人们只有在中低潮带那些覆盖着泥沙的岩石或贝壳上能找到它们。

繁茂的伞藻既为海蛞蝓等海洋动物提供了食物，又为它们创造了小憩、漫步的乐园。

孔石莼

孔石莼也叫海莴苣、海白菜，是海洋中十分常见的绿藻之一。它们易于繁殖，生命力十分旺盛，常在中、低潮间带形成如"翡翠"般的巨型"绿毯"。

蓝藻

蓝藻又叫蓝绿藻，为单细胞生物，是所有藻类中最原始、最简单的一种。早在33亿～35亿年前，这种古老的生物就已悄悄在地球上留下了足迹。别看蓝藻不起眼，它可是最早的光合放氧生物，堪称造就地球有氧环境的大功臣。

束毛藻聚集的海面

束毛藻

束毛藻体内富含藻红素。当束毛藻大量聚集时，海水就会被"乔装"成红色。

显微镜下的束毛藻

显微镜下的原绿球藻

原绿球藻

原绿球藻直径只有0.5微米，是目前已知的最小的光合作用生物。作为海洋的基础生产者，它们拥有一支难以计数的巨型"军团"。

硅藻

硅藻同样是制造海洋有机物质的一类微小的初级生产者，大的有1～2毫米，小的仅有几微米。人们只有借助显微镜才能一睹它们的芳容。牡蛎、鳀鱼等海洋生物依靠吞食硅藻为生。

显微镜下各种形态的硅藻

鳀鱼

鳀鱼

鳀鱼的生命力非常顽强，能适应各种环境，这很大程度上依赖于海洋中丰富的硅藻和有机碎屑。

其他藻类

海底世界是海洋动物的天堂，同样也是海洋植物的乐土。在浩瀚的海洋中，红树林、红藻、绿藻等只是海洋植物的一部分，还有更多有趣的植物等待我们去探索。

螺旋藻

螺旋藻是蓝藻的一种，它的样子虽然不为人熟知，但是它的名字却广为人知。这些小小的植物为人类的健康和保健做出了杰出的贡献。螺旋藻是一种呈螺旋状的藻类，看起来很不起眼，却浓缩了人类需要的几乎所有必要的营养，堪称"营养宝库"。

含有螺旋藻成分的片剂

螺旋藻的样子

刺松藻

暖温带低潮带的岩石上有一种树枝状的海藻——刺松藻。它的枝子像鹿角一样，非常漂亮。沿海地区的人们常常采集刺松藻的幼体食用，因为它富含蛋白质、矿物质和膳食纤维等，具有很高的营养价值，同时兼具很好的药用功效。

绿毛藻

绿毛藻的样子是对它名字最好的诠释，像一丛丛绿色的发丝在水里飘摇，因此人们叫它"发丝藻"。绿毛藻体内含有让草食类害怕的毒素，但它却乐意为一些有益的甲类动物提供栖息地。

赤潮

海葡萄

　　长茎葡萄蕨藻因为长得像一串串晶莹剔透的绿色葡萄而被人们称为"海葡萄"。海葡萄的营养非常丰富，且口感鲜美，鲜嫩多汁，因此它还有"绿色鱼子酱"之称。

绢丝藻

绢丝藻

　　绢丝藻是藻类中的"美人"，它的藻体柔软，呈直立状分枝生长。最令人过目不忘的是它那热烈的红色，远远看去，它就像一丛鲜艳的玫瑰，成为海洋中美丽的点缀。

甲藻

甲藻

　　甲藻由许多长有双鞭毛的单细胞组成，但它的形态是多样且不固定的。甲藻分布广泛，即便在淡水区域和寒冷地区它也能生存。当光照和水温适宜的时候，甲藻会通过细胞分裂的方式疯狂繁殖。但是值得注意的是，死亡的甲藻是形成赤潮的主要元凶之一。

第三章

海洋资源与利用

海洋的馈赠

　　广阔而神秘的海洋是一个巨大的资源宝库，它一直源源不断地给予人类。数不胜数的生物，储量丰富的矿产，甚至是阳光明媚的沙滩……无不倾注着这位人类"母亲"的博爱和无私。我们感恩这些馈赠，更珍视这些宝藏。

🐚 生物资源

　　美丽的海洋从地球生命诞生开始，从未停止过孕育万千生物的脚步，素有"生命摇篮"的称号。直到现在，海洋中的生物总量仍然占地球生物总量的87%，种类达20多万种，其中就包括我们熟知的各种海洋植物和海洋动物。

北海道渔场

　　千岛寒流和日本暖流的交汇，让北海道渔场的浮游生物异常丰富。于是，很多海洋鱼类聚集在此，尽享美食。作为世界第一大渔场，北海道渔场盛产鲑鱼、狭鳕、太平洋鲱鱼、远东拟沙丁鱼、秋刀鱼，等等。此外，北海道的蟹类也是世界知名的美食。

繁忙的渔场

花咲蟹

矿产资源

海洋中的矿产资源特别丰富。除了陆地已有的一些资源外，海洋还有很多陆地没有的稀有矿藏。受现有科技水平的限制，目前人类在海洋中发现的矿产主要有煤炭、石油、天然气、铁、砂矿、热液矿藏、可燃冰等。其中，石油和天然气的储量就接近世界可开采量的50%。

石英

石英是滨海砂矿的主要产物之一。这种美丽的矿产被广泛应用于航天、电子以及机械等产业。此外，在玻璃、陶瓷和一些耐火材料的制作上，石英也是不可或缺的重要原料。

海洋能源

广阔无垠的海洋蕴藏着巨大的可再生资源。人类经过努力探索，已经逐步认识并开发出了海水温差能、潮汐能、波浪能、海流能以及盐差能等海洋能源。这些清洁能源既可再生，又不污染环境，具有非常广阔的发展前景。

波浪能发电

人造岛

有关调查显示，全世界海洋的波浪能可以达到20亿千瓦

海洋空间资源

世界人口的不断增长、膨胀，为地球陆地空间带来了很大压力。于是，人类将目光转向了辽阔的海洋，逐渐向海面、海中以及海底进军，开发并利用各种海洋空间。这为人类生存和发展带来了新的希望。

跨海大桥

海上机场

海洋食物资源

海洋就像一个巨大的食品厂，时时刻刻为人类提供可口的美味。让人垂涎欲滴的"鲍参翅肚"、鲜嫩无比的海鱼、丰富多样的虾蟹、各具特色的养生"蔬菜"……每一种都凝聚着海洋的味道。正是因为它们的存在，我们的多样饮食文化才得以有今天的繁荣成就。

🐚 海鱼

肉食鲜美的海洋鱼类已经陪伴人类走过了几千年，直到现在，它们仍然是人们餐桌上常见的食材。据统计，每年全世界所捕捞的海产品中约有90%是鱼类，其中有1500多种可供人类食用。

鲍参翅肚

鲍参翅肚指的是鲍鱼、海参、鱼翅、鱼肚这四味海鲜。自古以来，它们就被认为是菜中极品，一直位居美食排行榜前列。随着人们生活水平的提高，鲍参翅肚已不再是饮食上的奢侈品，而且人们对其也有了新的认识。

鲨鱼

野生鲍鱼大都生活在水温较低且水质清澈的海底，营养丰富，肉质鲜美，素有"海洋软黄金"的美称。

146

鲑鱼

鲑鱼也叫三文鱼，是一种具有洄游习性的鱼类。它肉质紧致，富含不饱和脂肪酸，能有效降低胆固醇，预防一些心血管疾病。

鱼翅是用鲨鱼鳍中的丝状软骨加工而成的一种海产品。过去，人们认为鱼翅的营养价值极高，争相购买，以至于给鲨鱼带来了灭顶之灾。随着更多关注动物保护团体的成立以及人们思想意识的转变，鲨鱼得到了很好的保护。

由鲑鱼卵制成的鱼子酱

鲑鱼

鱼鳔

鱼肚

鱼肚实际上就是鱼鳔干。它富含胶原蛋白，具有很好的食疗作用。

鲳鱼

身体扁平的鲳鱼全身覆盖着细小的鳞片，在阳光下会闪闪发光，非常漂亮，所以鲳鱼是水族馆十分受欢迎的鱼类之一。另外，它鲜嫩的鱼肉中含有大量的蛋白质、不饱和脂肪酸和微量元素，深受人们喜爱。

石斑鱼

大西洋和印度洋的一些热带海域生活着暖水性鱼类——石斑鱼。它又短又粗的身上布满了斑点，背上长着长长的尖刺，大大的头上有两片厚嘴唇和一双格外凸出的眼睛。石斑鱼体内含有大量的虾青素和胶原蛋白。

147

🦐 虾蟹

除了各种各样的鱼类，海洋还将另一类美食——"身穿铠甲"的虾蟹赐给了人类。它们的肉质口感不输鱼类，鲜美程度不逊于贝类。

海虾

海虾营养丰富，味道鲜美，素有菜中"甘草"的美称。常见的海虾主要有龙虾、对虾等。其中最负盛名的是龙虾。它们色彩斑斓，体大肥美，备受美食爱好者的青睐。

虾姑

在热带和亚热带的一些海域有另一类硬壳美食——虾姑。虾姑的肉质松软且易于消化，具有很好的滋补功效，尤其适合身体虚弱的人。

螃蟹

中国向来有"螃蟹上席百味淡"的说法，这足以表明肉美膏肥的螃蟹胜过其他山珍海味。中国的螃蟹种类有600种之多，其中常被端上餐桌的主要是花蟹、梭子蟹和青蟹3类。

🐚 海贝

海贝曾经是古老先民们的一种货币，现在，它们不仅成了让人难忘的美食，其贝壳还被制作成各种精美的工艺品，有的还能入药。

扇贝

扇贝因外壳形似一把扇子而得名。这种贝类大都在幽深的海底过着群居生活，只有少数成员居住在浅海。现在，人们所吃的扇贝以人工养殖为主。在东西方的各类菜谱中，我们都能见到扇贝的身影。

蛤蜊

蛤蜊多隐藏在一些泥沙海岸附近。它富含钙、铁、锌等微量元素，而且物美价廉，可以说是难得的平民美食。在中国青岛，蛤蜊与啤酒更是被称为餐桌上的"黄金搭档"。

🐚 海藻

辽阔的海洋不仅为万千动物提供了生存空间，更为一些海洋"蔬菜"构建了生长乐园。海洋蔬菜虽不起眼，都散发着与众不同的香气。

紫菜

紫菜的种类繁多，但大都分布在浅海潮间带的岩石上。这种含碘量很高的海洋蔬菜，在1000多年以前就被人们列进了营养食谱。现在，它已经成了人们预防高血压、癌症等病症的"明星菜"。

海带

海带是一种大型褐藻，富含碘质，素有"碱性食物之冠"的美称。营养学家经过研究表示，海带的热量较低，富含矿物质，能有效消肿利尿，减少脂肪在体内的堆积。

海茸

海茸对生长环境的要求极高，全世界只有智利南海沿岸未经污染的海域有少量分布。现在，它已被纳入限制性开采的资源。

🐚 另类美食

海洋世界无奇不有，一些海洋动物虽然看起来怪怪的，却是难得的上等美食。飘逸婀娜的海蜇，竹筒一般的竹蛏，丑陋内秀的海肠……它们在人类海鲜的美食排行榜上，都留下了闪亮的一页。

竹蛏

竹蛏是生活在潮间带或浅海海域的一种软体动物，因两片长长的外壳闭合时像竹筒而得名。竹蛏富含维生素、蛋白质、钙、铁、糖类等多种营养成分，营养价值和经济价值都十分突出。

海肠

形如蚯蚓的海肠生活在海底，其营养价值丝毫不亚于海参。早在没有味精的中国古代，人们就已经懂得用海肠给菜肴调味了。

海蜇

在中国，海蜇自古以来就被列为"海产八宝"之一。海蜇的体内含有一种毒素，人吃了可能会中毒。但只要经过特殊加工和处理，海蜇摇身一变就能成为抓住你味蕾的美食。

海洋矿产资源

　　在地球漫长的演化过程中，各种复杂的地质作用促成了矿产资源的形成。这些资源是人类赖以生存和发展的基础，是地球给予人类的宝贵财富。而海洋除了拥有陆地现有的资源外，还蕴藏着陆地没有的资源。随着世界科技的迅猛发展和陆地资源的日渐枯竭，人类把目光转向了充满更多未知的海洋。

煤炭

　　海底煤矿是人类最早发现并进行开发的海底矿产。从16世纪开始，世界各国陆续开始在海洋中开采"黑色金子"。

海底煤矿

端岛

　　19世纪80年代，人们在端岛上发现了煤炭资源，于是开始有工人在此定居。后来，三菱公司买下这个岛进行海底煤炭开发，以至于这座6.3公顷的小岛上人口达到了5259人。20世纪70年代，日本煤炭开采业务陷入低潮，端岛煤矿被迫关闭，岛上的工人也全都搬离。现在，这里已经变成了荒凉之地，到处都是断壁残垣。

煤炭的形成

　　千百万年前，地球上分布着很多植物。随着时间的推移，植物因环境变化，在地下高温高压的作用下发生变质，便慢慢堆积成一层腐殖质。接着，这些物质由于地壳运动被深埋在地下，长期与空气隔绝。在经过漫长而复杂的物理以及化学变化之后，可以燃烧的黑色化石——煤就形成了。

煤炭的形成过程示意图

🦪 石油

　　尽管从进行大规模的石油开发到现在仅仅有约100年的历史，但高需求、高消耗已经让这种"血液"面临干涸的危险。一些专家根据现有情况预测，目前已探明的石油储量还可供人类开采数十年。于是，人们迫切地想要寻找新的石油资源，而拥有无限可能的海洋让人类看到了希望。

石油开采

　　1897年，人类在征服海洋油田的进程中迈出了重要一步，美国最先在加利福尼亚州西海岸附近打出了第一口海上油井。20世纪40年代，随着海洋石油钻探科技的进步，海洋石油工业开始迎来辉煌时刻。

中国自主设计的半潜式钻井平台"蓝鲸1号"

90%的油轮都是以蒸汽机为动力的。因为蒸汽机能提供加热原油的蒸汽，从而保证原油被顺利泵入油轮、被快速卸货

🦪 天然气

　　天然气的成因和石油类似，有时会和石油贮藏在一起。钻探石油时所发生的井喷就是地层中的天然气在高压作用下喷发造成的。

天然气形成示意图

🐚 滨海砂矿

数千万至数百万年以前，陆地岩石中的各种矿物、矿体在自然的作用下，"迁居"到了海洋。经过沧海桑田之后，它们又在波浪和海流的帮助下，聚集到海湾、岬角等近海岸地带，变成了形状、密度、比重各不相同的珍贵矿藏，形成了滨海砂矿。

金红石

金红石中可以提炼钛，这是一种耐高温、耐低温、耐腐蚀的矿物。无论是制造火箭还是制造卫星都少不了它。

火箭在发射升空的过程中，会与空气发生剧烈摩擦，如果温度过高就有可能被烧坏。因此必须使用特殊的耐高温材料。

金红石

分布

不同国家的沿海地区分布着类型不一的砂矿：澳大利亚是世界上最大的金红石和锆石开采国；美国90%的白金原料来自阿拉斯加海滨；日本列岛沿岸遍布磁铁砂矿；泰国、印尼、马来西亚均是世界著名的锡矿砂开采国；中国有上百个砂矿床，矿藏种类达60多种。

可燃冰

20世纪70年代，人类在浩瀚的海洋中发现了模样酷似冰雪但可以燃烧的奇怪物质——可燃冰。因为它所含有的甲烷、乙烯等气体能够燃烧，且释放的有害物质微乎其微，使其成为理想的清洁能源。

可燃冰固态

惊人的开发价值

1立方米的可燃冰在完全分解的条件下，可以释放出约164立方米的天然气。那么，根据已有的可燃冰的储量估算，它们释放的热量将是世界石油、煤炭和天然气释放热量的两倍还多。如果这种资源被充分开发和利用，那么对于人类来说该是多么惊喜的一件事。可喜的是，2017年我国在南海北部神狐海域成功采获了可燃冰。

金刚石

金刚石是滨海砂矿出产的较贵重的矿产之一。经特殊工艺处理后的金刚石灿烂夺目，奢华亮丽，它就是我们所说的钻石。此外，这种由碳元素构成的坚硬物质还是做钻头、切割工具、研磨材料以及高温半导体等的重要原材料。据统计，全世界天然金刚石约有83%来自海洋。

金刚石

最大的钻石——库利南

1905年1月25日，一个南非人无意间在普列米尔矿山上发现了一块重达3106克拉的金刚石。这块纯净透明、带着微蓝色调的极品宝石被命名为"库利南"。"库利南"一共被切割成了9粒大钻石和96粒小钻石，其中最大的"非洲之星"被镶嵌在英国女王的权杖上。

运输车

挖掘车

镇海之宝

因为富含各种陆地匮乏的金属元素，多金属结核素有"海矿中的镇海之宝"的美誉。其中的金属锰是制造坦克和钢轨的必备原料，金属镍可以用来制造不锈钢材，金属铜是制造电缆的重要材料，金属钛则是制造航天器不可或缺的材料。

埋在海底沉积物中的多金属结核　　　　形似土豆的多金属结核

多金属结核

1868年，人类首次在北冰洋喀拉海里发现了多金属结核。五年之后，英国科学考察船"挑战者"号在进行全球海洋调查的过程中，采集到了这种黑色的球状物。经研究，这种物质的主要成分是锰和铁，而且有不断向外生长的纹层，所以当时被取名为"锰结核"。后来，人们又分析出，这种物质含有铜、钴、镍、铅、锌、铝、稀土元素等60多种金属成分，因此它又有了"多金属结核"的名号。

漫长的生长季

多金属结核一般隐藏于海底沉积物上，通常在4000～6000米深度的海底最丰富。这种稀有矿产就像树的年轮一样，会围绕核心一点一点生长，直到形成一个同心圈层逐次包裹的结核体。不过，这个过程相当漫长，往往需要上百万年到数千万年的时间。

🐾 海底热液矿

在环境复杂的海底，有一些类似"烟囱"的雾状柱，它们源源不断地向外喷着"黑烟"或"白烟"。随着温度骤降，"烟雾"中的物质迅速凝聚、沉淀，"烟囱"周围的堆积物越来越多，"烟囱"也越来越高。其实，这就是海底热液矿床——一种稀有且不断生长的多金属矿床。

形成

冰冷的海水沿着海底裂缝慢慢向下渗入，在接近岩浆或热源时，开始慢慢升温。随后，它和正在不断涌升的地幔中的物质一起"相携"返回海底地面。在这个循环过程中，热海水沿途能溶解很多矿物质、金属离子等。在热液沉淀以后，沉淀物包含金、银、铜、铅、锌、锰等各种稀有金属。

独特的生态系统

海底热液区的环境非常复杂，一般生物在此根本难以生存。但从人类多次探索的结果来看，这里至少生活着400多个物种。它们当中除了有蠕虫外，还有贝类、虾、腹足类动物等。

热泉生物系统

冰冷海水渗入

地热岩浆加热海水

未来的战略性金属

人们经过数十年的调查和研究发现，海底热液矿主要分布在中低纬度大洋中脊的中轴谷和火山口附近。它们分布比较集中，开采难度相对较小，最重要的是，这种矿产资源的金属含量非常丰富。很多国家看到了海底热液矿潜藏的巨大价值，纷纷投入大量的人力、物力进行开采。

硫化物

中国"向阳红01"科考船在大西洋采集到一块重约3吨的硫化物。

黑烟囱口的直径大约15厘米，不断涌出的热液与低温海水中的一些成分发生反应产生了黑烟，黑烟的温度超过400℃。

"黑烟囱"附近生活着一种状似口红的蠕虫。它们靠吸食海水中的化学物质维持生长。

海洋能

　　宽广汹涌的海洋宝库中有很多宝藏和资源，其中最普通、储量最多、应用最广泛的就是海水资源了。人类经过数千年的努力和探索，已经从海水中获取了多种可再生资源。这些资源不仅改善了人类的生产和生活方式，更给人类的能源开发和利用带来了巨大变革。

🌀 海浪能

　　海浪就像海洋的"脉搏"一样，无时无刻不在跳动。只不过它时而宁静平缓，微波粼粼，时而奔腾咆哮，巨浪滔天。其实，海浪的形成与风有关。受地球自转、太阳辐射不均以及地壳冷却等因素的影响，海面上才会形成"性格"不同的风。

　　海水波浪蕴藏着巨大的动力，只要人们合理利用，就能将它转化成高效的能源。现在，海浪发电是波浪能源利用的主要方式。不过，因为技术限制等，海水波浪能源的利用率并不高。

　　英国苏格兰的奥克尼群岛附近海浪资源十分丰富。2003年，人们在那里建造了第一个海浪发电试验场。

潮汐

很久以前，潮汐就为人类的航海、捕捞以及晒盐等活动提供了很大的便利。随着科技的进步和发展，潮汐发电逐渐成了这种可再生资源的新使命。

潮汐发电

与风能和太阳能发电相比，潮汐发电更容易预测。目前，潮汐发电主要有涡轮机发电和建坝发电两种形式。建坝发电通常成本比较高，而且对周围环境的影响较大。

首台潮汐发电机

世界首台潮汐发电机由英国工程师彼得·弗伦克设计，目前矗立在英国斯特兰福德湾。这台发电机长约37米，形似一个倒置的风车。

🦕 发电站

潮汐发电站是一种新型的水力发电站。在具备潮汐发电条件的海湾或海口修建拦水堤坝，然后在相应的位置安装水轮发电机组。这样，无论是海水上涨还是下落，经过水轮机时都会带动它运转，从而产生电。

涡轮发电机

历史悠久的
法国比尔洛潮汐磨坊

中国江厦潮汐电站

海洋空间的利用

随着世界人口的急剧膨胀，陆地的空间和资源变得越来越紧张。而海洋不仅拥有一望无际的辽阔海面，还有深不见底的海水和神秘莫测的海底。于是，人们运用智慧，在这个"生存的第二空间"上建造起一座座人工岛，架构起一座座跨海大桥，修筑起一条条海底隧道……经过多年孜孜不倦的努力和探索，这片特殊"沃土"的史册上已经被人类写下了无数个奇迹故事。

人工农田

为了缓解土地压力，人们不得不另辟蹊径，通过围海造田的方法来扩充土地。全世界围海造田最成功的国家是荷兰。荷兰人早在800年前就开始向大海进军了，要知道，现在20%的荷兰国土都是从大海中获得的。

抽水风车

五颜六色的风车让荷兰充满了诗情画意。其实，在很久以前，这些风车是荷兰人的排水工具之一。荷兰地势低洼，围海开垦出来的农田总是有很多积水。13世纪，荷兰人发明了动力风车，让它带动其他排水工具排出积水。

防潮木鞋

因为土地环境和气候的关系，荷兰的冬天潮湿寒冷。500多年前，为了抵御寒冷，荷兰农民创造出了木制船形鞋。这种木鞋结实耐用，防潮保暖，而且不会陷进泥沼。现在，木鞋已然变成了荷兰民俗文化的缩影，是很多人荷兰之行必买的工艺品。

河道纵横的农田

🐾 人工岛

巧夺天工的人工岛是在小岛或暗礁的基础上发展起来的，同样属于围海造田的一种。早期的人工岛是人们用树木或巨石在浅海海域建造的，而现在的人工岛多是通过填海建成的。其中，神户人工岛和迪拜棕榈岛就是典型代表。

香港国际机场

为了节省土地资源，充分利用海洋空间，很多地方开始着力于建造海上机场。中国香港国际机场就是其中比较成功的范例。它占地1200多公顷，其中四分之三是填海后建造的，总共用了1.8亿立方米的建筑材料。

世界第八大奇迹

耗资约140亿美元的棕榈岛是目前世界上最大的人工岛，位于全球著名的金融中心——迪拜。它由4个群岛组成，几乎每个岛上都有奢华的住宅、各种娱乐设施、购物中心和主题公园，堪称地球上的"皇家花园"，被赞誉为"世界第八大奇迹"。

海底隧道

海底隧道不占用陆地空间，不妨碍船舶航行，又不影响生态环境，是一种安全、理想的海峡通道。为了让海峡两岸的人们可以更方便、快捷地往来，于是，人们开始对海底隧道展开积极探索。

1964～1987年，日本历时23年，成功建成世界上第一条海底隧道——青函海底隧道。随后，海底隧道在世界各地犹如雨后春笋般涌现出来。英吉利海底隧道、日本对马海底隧道、中国厦门翔安海底隧道和青岛胶州湾海底隧道，以及跨越亚洲和欧洲的马尔马雷海底隧道，等等，无不凝结着人类的智慧以及人类对科技的运用。

海上桥梁

海上桥梁是维系两岸经济、文化的纽带，承载着两岸发展的新希望。随着各国科技水平的进步，越来越多的跨海大桥矗立在蔚蓝的海面上，形成了一道道如彩虹般绚丽的风景线。

海底隧道示意图

青函海底隧道

铺设

铺设海底光缆需要解决深海高压、海水扰动等各种问题，并不是件容易的事。因此，人们经过潜心研究，发明了光缆铺设船和遥控潜水器。

海底光缆铺设船

港珠澳大桥

　　港珠澳大桥是世界上最长的跨海大桥，设计使用寿命长达120年。它全长55千米，其中包括一段6.75千米长、40多米深的海底沉管隧道。这座史无前例的大桥将中国的香港、珠海以及澳门紧密联系在一起，代表着中国超级工程的最高水平。

港珠澳大桥海中主体桥梁总用钢量约40万吨，相当于60座埃菲尔铁塔。

金门大桥

　　金门大桥堪称"近代世界桥梁工程史上的一个奇迹"。它始建于1933年，全长2737.4米，宽27.5米，是世界上第一座跨距千米以上的悬索桥。此外，超凡脱俗的造型，新颖靓丽的设计，让它赢得了"最佳上镜桥梁"的美誉。

🦑 海底餐厅

　　神秘的海洋世界总是让人心驰神往。过去，对于世人来说，在色彩斑斓的海底就餐似乎遥不可及。可现在人们把它变成了现实，世界各地陆续出现了海底餐厅。很多食客慕名前往，只为体验新奇的就餐方式，开启与海洋生物共饮的奇幻之旅。

　　2004年，国际著名旅游胜地马尔代夫建造了第一家海底餐厅。这家名叫"Ittaa"的餐厅四周是透明的有机玻璃，透视效果极好。顾客举目四望，就可看到多姿多彩的热带鱼、艳丽无双的珊瑚等。

海洋医药资源

海洋就像一个蓝色牧场，孕育着万千生物。同时，它也是一个巨大的"医药原料仓"，源源不断地向人类提供很多珍贵药材，为人类的医学研究以及重大疾病的攻克做出了十分突出的贡献。相信随着科技水平的发展和进步，将会有更多海洋王国的成员们加入医用原料的大军中来。

抗病毒卫士

海洋生物中隐藏着很多医学难题的密码，一些医学家经过潜心研究破译了这些谜题，成功推动了医学科技的进步。在现有的海洋生物中，医学家们找到了很多抗病毒药物，它们将成为新一代抗病毒卫士。

海蛞蝓、海参、章鱼、虾等海洋生物的提取物对癌症和肿瘤有缓解、治疗作用。

抗癌新军

近年来，环境污染等因素导致人类患癌症的概率大大增加。每年，全世界大约有1400万新增的癌症患者饱受疾病的困扰。海洋医药资源上的新发现，为这些患者带来了希望。一些天然的海洋生物如鱼类、贝类、海藻，等等，就具有抗癌的作用。此外，海洋中的一些化合物对于癌症的治疗也有非常显著的疗效。

喜欢栖息在浅海海底的海鞘，是一种珍贵的抗病毒医药原料。其体内的环肽类化合物能抑制多种病毒繁殖、增长。

海绵的体内富含生物碱，这种活性物质对核糖核酸病毒具有明显的抑制作用。

草苔虫体内有种草苔虫素，这种物质可以有效治疗结肠癌、淋巴癌以及白血病等病症。

医用新材料

医学科技的进步赋予了很多海洋生物新的使命，其中就包括将一些海洋生物的某种物质转化成医用材料。

自带"盔甲"的虾蟹们体内有一种甲壳素。这种物质具有无毒、抗菌、促进伤口愈合的特性。所以，人们将其制作成了医用缝合线、人工皮肤和隐形眼镜，等等。

心脑血管病的克星

心脑血管疾病是严重危害人类健康的几大杀手之一。每年，全世界大约有1500万人被它夺走生命。为了寻找克制这种疾病的方法，人们努力探索，积极研究，终于在一些海洋生物中发现了新希望。

别看海胆浑身是刺，它可是防治心脑血管疾病不可多得的一味良药。以海胆为原料制成的药物不但可以提高人体免疫力、改善内分泌紊乱，还能降血脂、降血糖，对心脑血管疾病有明显的疗效。

新型代血浆

海洋生物千姿百态，总是能带给我们无限可能。现在，人们不仅从它们之中找到了治疗一些疾病的秘方，还发现了一种宝贵的代血浆。

海洋动物王国里有2000种海星，它们的足迹遍布潮间带和近海区域。然而就是这种看似普通的生物，却能"制造"出外科手术中所急需的"血浆"，帮助患者维持血压或增加患者血液循环中的血容量。

在古代中国，海藻就已经被当作一种药材入药了。这在古典药籍《本草纲目》和《海药本草》中都有记载。从海藻中提取的多种物质具有降低胆固醇、提升高密度脂蛋白等作用，是治疗心脑血管疾病的理想药物。

》深海鱼类体内提取出来的鱼油富含不饱和脂肪酸等多种物质。这些物质可以很好地降低血液黏稠度。

165

海洋牧场

牧场，是适合放牧的草场。在陆地上，牧场并不罕见。那么，你听说过海洋牧场吗？海洋牧场是利用天然的海洋环境，将人工放流的经济海洋生物聚集起来在海上放养，就像在陆地上放牧牛羊一样，不同的是，海洋牧场放养的是鱼、虾、贝、藻等海洋生物。

海洋牧场分为渔业增养殖型海洋牧场、生态修复型海洋牧场、休闲观光型海洋牧场、种质保护型海洋牧场、综合型海洋牧场等。

日本：1971年，日本第一次提出海洋牧场的构想；1977年到1987年十年间，日本将"海洋牧场"计划付诸实践，并建成了世界上第一个海洋牧场——日本黑潮牧场。

韩国：1998年开始实施"海洋牧场"计划，2007年6月，一个面积约20平方千米的海洋牧场核心区在庆尚南道统营市竣工，取得了海洋牧场建设的初步成功。

美国：早在1968年美国就提出了建设海洋牧场的计划，并于1972年开始施行。1974年，美国在加利福尼亚海域利用自然苗床培育了巨藻。

中国：我国海洋牧场近年来发展迅速，已建成生态修复型、增养殖型、休闲观光型和综合型等4种类型的海洋牧场共计200多个。

深远海养殖

深远海养殖是指在远离近岸、水深20米左右的海域进行海洋生物的智能养殖。当然，这个养殖过程是安全可控、生态高效的。目前深远海养殖的设施有深水抗风浪大网箱、潜式大型网箱、养殖工船、大型围网等。

"耕海1号"坐底式网箱

目前，挪威、西班牙、美国、荷兰等国家都有了深远海养殖的成功案例。我国也已经开始了深远海养殖的探索，养殖工船、深远海养殖平台的建设进展快速，赴黄海冷水团的养殖工船已经下水试运转。

"深蓝1号"全潜式大型网箱
首次在黄海冷水团养殖三文鱼

在莱州湾海域，一个大型钢制管桩生态围网已经建设完成，将会开展云龙石斑鱼、黄条鰤、半滑舌鳎等优质鱼类养殖实验。

大型管桩生态围网

海洋捕捞

海洋是生命的摇篮，也是人类重要的"食物基地"，世界人口动物蛋白摄入量的17%来自水产品。在历史上，海洋捕捞业一直是水产品的重要来源，如今，海洋捕捞业仍然是渔业的主要支柱。20世纪初，海洋捕捞业产量大约只有350万吨，随着科技的发展和设备的精进，到了21世纪，海洋捕捞量成倍增长，渔业资源过度捕捞状况日益严重。

渔业发展与生态环境保护协同共进的矛盾必须得到解决，因此海洋牧场和深远海养殖，都是对解决过度捕捞问题的很好尝试。

海洋科考

海洋卫星

从古至今，海洋在人类的发展历程中都扮演着举足轻重的角色。它无私奉献了数不清的食物，带来了珍贵的矿藏、资源，也曾在无意间夺走了很多人的生命。但一直以来，人类探索海洋的脚步从未停歇，而且依然对这个充满未知的蓝色世界饱含热忱之心。因为我们知道，只有更好地探索，才能更好地保护。

卫星"天眼"

海洋卫星被称赞为探测海洋的"天眼"。它能及时监测到海洋环境的变化，将复杂的数据和图像传送到地面，为人们进行海洋天气预报，预防海洋灾害提供重要信息。

海洋调查船

海洋调查船是海洋探索、海洋开发的"先遣部队"。船上一般拥有科考所需的仪器装置、起吊设备、研究实验室等常规设施，有的还配备了深海潜艇。

中国"向阳红01号"海洋综合科考船

"向阳红01号"海洋综合科考船配备了水体探测、大气探测、深海探测等世界一流的调查系统。其中，最令人瞩目的就是海洋多道地震采集系统。它能给海底做"CT"，从而进一步探明海底地质构造。

输出信号 →

反射信号 →

浮动的"监测站"

在暗潮涌动的海面上，人们时常能发现一些海洋浮标。这些默默无闻的"哨兵"其实是一种高度自动化的海洋气象水文观测设备。通过它，人们就可以获得海洋现象、海洋天气、海洋生态环境等方面的第一手资料。

一般情况下，海洋浮标上都设有太阳能或波浪能蓄电池，能保证它们全天候工作。

声呐探测

20世纪初，一位英国海军发明了声呐。这种设备可以向海水发射一种超声波，同时接受其反射回来的发射波。人们利用反射波就能发现相应的目标。如今，声呐已经被广泛应用于渔业、海底地形、海底地貌的探测以及一些军事领域。

深海钻探

为了更加详尽地了解海底的情况，人们发明了钻探船。目前，日本"地球"号是世界上最大的深海钻探船。2012年，它曾创下了7740米深的海底钻探纪录。另外这艘钻探船还创造了成功从可燃冰中采集到天然气的壮举。

钻杆

7740米

地幔层

潜水器

随着海水深度的增加，海水的压力也越来越大。如果想要进行深海探索，就必须依靠深海潜水器的帮助。目前，全世界投入使用的各种载人潜水器有90多艘。其中，只有中国、美国、日本、法国和俄罗斯拥有可以下潜至6000米以上深度的载人潜水器。

深海"蛟龙"

"蛟龙"号载人潜水器是一艘中国自主设计、研制的作业型载人潜水器。2012年6月，它在世界海洋的深渊——马里亚纳海沟成功创造了7062.68米的载人深潜纪录。至此，中国成为世界上第五个掌握载人深潜技术的国家。

水声通信

"蛟龙"号有一个神奇的绝技，那就是高速水声通信功能。这能让它将自己探测到的图像、语音等重要信息及时传输到母船上。

洞察一切的"第三只眼"：透过观察窗，人们能看到海中景象。

3.4米

8.2米

主要数据

灵巧的"龙爪"：左右各一个机械手，像螃蟹的钳子一样，可以抓取样品。

"蛟龙"号准备下海

超长作业准备

"蛟龙"号配备的是充油银蓄电池。这种电池容量大，能证它的作业时间可达12小时。

精准悬停

"蛟龙"号具有先进的悬停定位和近底自动航行功能，能在极其复杂的深海环境中搜索目标并进行定位，从而高效精准地完成各项任务。

钛合金"盔甲"：厚约7厘米，能承受巨大的海压。

生命支持系统：为舱内的人员提供氧气、水、食物、药品，等等，保证他们正常的生命供给。

载人耐压舱：直径约2.1米，可载3人。

压载铁："蛟龙"号下潜、上浮的灵活"砝码"。

2009年
3000米

2011年
5000米

2012年
7000米